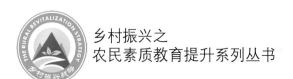

乡村振兴之
农民素质教育提升系列丛书

U0321012

果树病虫害绿色防控图谱

◎ 魏东晨　主编

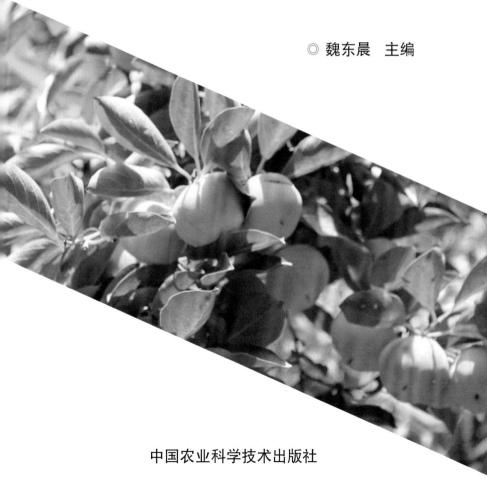

中国农业科学技术出版社

图书在版编目（CIP）数据

果树病虫害绿色防控图谱 / 魏东晨主编. —北京：中国
农业科学技术出版社，2019.7

乡村振兴之农民素质教育提升系列丛书

ISBN 978-7-5116-4107-6

Ⅰ.①果… Ⅱ.①魏… Ⅲ.①果树—病虫害防治—图谱
Ⅳ.①S436.6-64

中国版本图书馆 CIP 数据核字（2019）第 059297 号

责任编辑 徐 毅 贾 伟
责任校对 贾海霞

出 版 者 中国农业科学技术出版社
　　　　　　北京市中关村南大街12号　　　邮编：100081
电　　话 （010）82106643（编辑室）（010）82109702（发行部）
　　　　　　（010）82109709（读者服务部）
传　　真 （010）82106631
网　　址 http://www.CASTP.cn
经 销 者 全国各地新华书店
印 刷 者 固安县京平诚乾印刷有限公司
开　　本 880mm×1 230mm　1/32
印　　张 5.5
字　　数 120千字
版　　次 2019年7月第1版　2019年7月第1次印刷
定　　价 52.00元

《果树病虫害绿色防控图谱》

⋯⋯⋯⋯⋯⋯ 编委会 ⋯⋯⋯⋯⋯⋯

　　生态文明建设是国家"五位一体"总体布局之一。党的"十九大"报告提出建设生态文明是中华民族永续发展的千年大计，指出要实行最严格的生态环境保护制度，形成绿色发展方式和生活方式。面对当前新时期、新形势、新要求，果树病虫害防控如何能够顺应时代发展，如何能够减少化学农药的使用，在不污染环境的情况下实现果树病虫害有效防控，为社会提供优良环境和绿色产品。新时期的果树病虫害防控工作要以问题为导向，解决目前病虫害防控中存在的突出问题，树立正确、科学、合理的防控观念，大力引进、推广和运用绿色无公害防治技术，为生态文明建设、可持续发展和绿色果树产品生产提供良性服务。

　　本图册从果树病虫害绿色无公害防控角度出发，重点介绍了果树病虫害绿色防控趋势，绿色防控优点和要点，着重介绍了具体绿色无公害防控技术方法，图文并茂，通俗易懂，是一本果树病虫害防治工作和果树经营者学习和参考资料。

　　在本图册编写中得到北京中捷四方生物科技有限公司崔

国卿、祝海涛、河北安迪农场刘震大力支持，在此一并表示感谢！

由于编者水平有限，难免有遗漏和不当之处，敬请读者批评指正。

编　者

2019年3月

CONTENTS 目 录

第一章
果树病虫害防控形势和趋势

一、果树病虫害防治形势和现状

我国果树面积大，尤其伴随着近年来造林绿化工程大面积实施和农村种植业结构的普遍调整，果树种植面积逐年增加，果树病虫害发生面积和防治任务进一步加重；林木种苗及林产品跨区域引进和频繁调运，部分区域性果树病虫向外扩散传播，一些传统概念上的地域性害虫，跨纬度远距离扩散传播，局地发生、为害种类和数量上升；近年来新发现的外来危险性果树病虫害不断出现；部分种类重点病、虫害在一些地方连年造成大面积为害，虫口数量高居不下；防治中每年农药使用量大，生态环境压力加剧。当前果树病虫害防控形势严峻，任务艰巨，责任重大。

1. 防控形势和存在问题

（1）防控形势。近两年全国果树病虫害年均发生面积达2亿多亩①，年均经济损失值损失近千亿元。果树病虫害高发态势明

---

① 1亩≈667米²。全书同

显，发生范围普遍，发生面积处于高位；重大危险性果树病虫害扩散蔓延势头迅猛，潜在危险性有增无减，对生态安全的威胁巨大；多种常发性病虫为害程度总体有所减轻，但局部地区仍造成严重为害，生态和经济损失较重。

（2）存在问题。

①农药使用量大，过量过度用药明显。目前，在果树病虫防治中普遍存在着用药量大，过度用药问题。尤其在一些果园中这种现象更为突出，部分果园经营者不按药剂用量说明，随意加大药剂用量；有些果园经营者不管有没有病、虫，也不管是不是发生期和有效防治期，生长季节不定期地、盲目地和频繁地滥用农药，一年当中使用农药次数高达数十次。我国农药年用量达180多万吨，单位面积农药使用量是世界用量的2.5倍。

②化学高毒农药比重大，无公害防治不受重视。果树病虫害防治中，绝大多数选择首先使用化学农药，化学农药毒性强、效果快特点是防治者选择化学农药的主要原因。有些果树经营者有时为了达到"立竿见影"效果，完全不顾国家禁令，私自违规使用违禁、违限的高毒农药，如杀虫脒、除草醚、甲胺磷、福美胂、克百威、灭多威、硫丹等。由于存在药效认识上的偏差，普遍认为用完药很快看到效果就是好药，反之则为不好的药，这种以"速效性、可视性"为目的的农药选择原则，会导致高毒、高残留农药成为必然选择的结果，相反一些低毒、低残留、高效对环境无污染和对人畜安全的无公害生物农药和绿色防控技术，在这一不科学的认识下很难受到"重用"。因此，防治上基本上普遍采用单一的化学防治手段，很少考虑用无公害药剂和无公害技术手段，化学防治所占比重大，无公害生物、绿色防控不受重视，所占比重小。

③环境污染较重，天敌昆虫杀伤大。由于大量高毒、高残留

农药在失控情况下高密度、高强度地无节制的长期、频繁滥用，已经给土壤、水环境造成了污染，环境压力加重。一些农药含有有机氯、有机磷高残留药剂，及铅、砷、汞等重金属的制剂，对高等动物有剧毒，土壤中残留时间长达10~30年，不但污染了土壤，还容易在果树产品中形成富积，影响果树产品质量。另外，高浓度大量喷施农药也对空气环境形成污染，与当前空气污染控制相违背；并且大量广谱性杀虫剂使用，在杀死害虫的同时，对天敌昆虫造成不可避免的伤害，破坏了生物多样性和生态平衡，容易导致害虫在缺乏自然控制力的情况下猖獗发生、为害。环境的污染、生物多样性破坏和生态平衡的打破，与国家倡导的绿色可持续发展要求背道而驰，是新时期人类社会文明高度发达的情况下一种不文明的防治观念和方法。

④防治手段单一，缺乏综合措施。目前在防治上普遍采用喷药单一的化学手段，缺乏人工、物理、生物、生态等综合技术措施的运用。仅使用化学方法这种单一手段一般只能够对果树发病阶段或幼虫为害阶段这一单一环节进行短期控制，缺少了人工、物理、生物、生态等对病害发生前预防和害虫多虫态多环节的长效综合控制措施。因而导致害虫抗药性增强，生态调控差，自然控制力弱，形不成长效控制，结果是病虫害年年治年年有。

⑤被动防治为主，缺乏主动预防。果树病虫害防治最基本的方针是"预防为主"。实际防治工作中大部分防治活动像"救火"一样的被病、虫情牵着"鼻子"似的被动进行，很少有发生前的主动预防措施。这种见病才治病，见虫才防虫，只知道发生时的除治，不知道发生前的预防的情况，主要是由于缺少很重要的提前预防措施，及缺乏监测、检疫等基础预防环节，造成不能对果树病虫害形成预防控制，不能对发生种类、发生范围、发生时期、发生量和最佳防治时期等及时、准确地掌握，只能是发生

时的盲目、被动防治。

（3）主要原因。

①防治思想陈旧，除治技术落后。大多数林农和果农防治观念还停留在几十年来的陈旧意识中，在防治上急功近利，眼前意识突出，只注重短期速效效果，不考虑长期持续控制问题；对害虫普遍采取"零容忍"的全面扑杀态度，缺乏一定经济水平允许之下的适度容忍心理；普遍重视发生时的除治，轻视发生前的预防；防治上手段单一，综合措施欠缺，技术更新不够。

②环保意识不强，绿色观念不高。大部分果树经营者只注重把病虫防好治住，根本意识不到防治用品会对环境形成污染和对生态平衡造成破坏；生产中只注重果树产品数量的增加，往往忽视了产品质量的提升和绿色生产的要求。

③化肥农药大量使用，造成土壤和抗性，病虫害越来越严重。越来越多化肥使用，造成土壤养分结构破坏，土壤酸化和板结，微量元素失去活性等影响果树生长，导致树木生长不良，容易发生病害；其次是农药大量使用造成害虫抗性明显增强，越治越多，为害越来越严重。

二、新时期果树病虫害防控趋势

生态文明建设是国家"五位一体"总体布局之一。党的十九大报告提出建设生态文明是中华民族永续发展的千年大计，指出要实行最严格的生态环境保护制度，形成绿色发展方式和生活方式。林业建设是生态文明建设的重要组成部分，果树病虫害防控是促进林业建设的一项重要举措，是保护绿化美化成果，促进生态环境建设，维护生态安全的一项重要内容。面对当前新时期、新形势、新要求，果树病虫害防控如何能够顺应时代发展，如何能够减少化学农药的使用，在不污染环境的情况下实现果树病虫害有效防控，为社会提供优良环境和绿色产品。新时期的果树病虫害防控工作要以问题为导向，解决目前病虫害防控中存在的突出问题，树立正确、科学、合理的防控观念，大力引进、推广和运用绿色无公害防治技术，为生态文明建设、可持续发展和绿色果树产品生产提供良性服务。

新时期国家提出了绿色发展理念，果树病虫害防控工作要改变传统观念，适应新形势，顺应新要求，抓住新趋势，满足新需要，要以新的使命和担当，为绿色生产带好头，为林业建设做好服务。

1. 绿色无公害防控必然选择

党的"十九大"报告提出当前我国社会的主要矛盾是"人民日益增长的美好生活需要和不平衡不充分的发展之间的矛盾"。随着经济社会高速发展，人们追求美好生活需要日益增强，食用绿色、有机食品在很大程度上成为一种美好生活体现；人们不仅希望吃到可口的果品，还希望吃到放心的果品。目前，绿色果品生产还不够充分，不能满足人们日益增长的需要；人们还不能完全放心所用果品农药残留问题，不能完全不担心所居环境是否遭受高毒农药污染。新时期对果树病虫防控工作提出了新要求，防治工作者要以新的使命，勇于担当，以科学发展观为指导，坚持环境友好型原则，开展果树病虫害绿色无公害防控，生产绿色林产品，满足人们生活需要。绿色无公害是时代的必然选择和要求。

2. 预防为主，科学治理

预防为主是所有病虫害防治最基本方针和要求，我国果树病虫害防治方针几十年来经过4次大的修改和调整，但每一次修改和调整均把"预防为主"作为基本方针的首选项和第一考虑要素一直保留了下来。这是多年以来经过探索和实践的结果，更显出了预防为主在果树病虫害防治中的重要性。新时期果树病虫害防控必将是坚持预防为主的方针，实施病虫害的科学治理。

3. 实施体系化、专业化防控

以满足防治需要和提升防控水平为总目标，建立完善监测预警体系、检疫御灾体系、防灾减灾体系和应急反应体系四大体系，形成病虫害发生前的全面监测，输入性危险病虫的防御性检疫检查，发生后的及时除治和应急反应等体系化综合防控能力；各地果树病虫害发生范围广，面积大，防治任务重，仅凭个别部门或经营者个人是难以完成防控任务，存在着技术不足、设备缺少和人员不够等情况。要解决这一目前防治上的瓶颈问题，实现果树病虫害及时有效控制，建立专业化防治队（公司），实施专业化除治势在必行。随着市场经营主体的多样化，及政府购买服务的大力推行，果树病虫害防治任务可以通过市场化运作，以购买服务的方式由专业化防治队（公司）完成，既解决了防治力量不足，满足了防治需要，又实施了果树病虫害规模化、专业化和规范化防控，提升了防控水平。

4. 适度容忍，培育健康林，提高自然调控能力

果树病虫防控传统观念和意识正在逐步转变中，逐渐趋于科学、合理化。对病虫害的发生应持有一定程度上的容忍度，即适度的容忍。允许低水平以下的为害存在和发生，留出天敌昆虫和生态调控发挥作用的空间和时间，由生态系统内部调控平衡，达到自然控制，而不是一旦发生病虫害不管发生量多少立即喷药。

培育健康林，合理抚育和管理，营造林分生态系统的稳定性和生物的多样性，增强林分系统本身自然调节能力。如培育树下杂草，保护林间天敌等，充分发挥生态系统中生物间相互对抗、控制和调节的作用，实现果树病虫害可持续控制。

三、绿色无公害防治技术要点

绿色无公害防治指对人、畜、禽、鱼、蜜蜂和有益昆虫安全无伤害，及对土壤、地下水、大气和生物多样性无污染、无破坏的预防和除治技术。

绿色无公害防治技术优点如下。

（1）绿色无公害防治是无公害、绿色、有机果树产品生产的技术要求，是提高林产品质量和市场竞争力的必然选择。

（2）绿色无公害防治技术对土壤、水源和大气环境污染小，且对有益昆虫不会造成毒害，有利于保护生物多样性。

（3）绿色无公害防治技术能够形成自然调控能力，达到长效持续控制的目的。

（4）绿色无公害防治技术经过前期综合措施，达到自然调控状态，能够明显降低防控成本，省时省力，并取得理想防治效果。

（5）绿色无公害防治技术不会产生抗药性。

1. 发生前无公害预防措施

（1）抚育管理。采取合理抚育管理措施，减少林间病虫源和增强树体本身抗病能力。抚育管理措施如下。首先清除林地内病落叶、烂果，剪除病虫枝，并集中进行烧毁；其次施用有机肥、腐殖酸等，合理浇灌水，保证林木生长养分；第三合理间伐、修枝抚育，改善林分通风透光条件，调整林木个体间营养竞争。通过加强林分抚育管理，创造林木良好生境，促进林木健康生长。

（2）预防处理。预防处理一般采取人工、物理和喷施环保药剂等环境友好型措施，是对果树病虫害发生前提前预防性控制，预防处理措施得当，降低发生基数，减轻后期防治压力，能够取得事半功倍的效果。早春喷施石硫合剂或石硫合剂矿物油，或刮树皮、刷树皮缝，及树干涂黏虫胶和缠胶带等，预防越冬害虫和病害；生长季节喷施波尔多液提前预防病害发生；秋季深翻土壤杀死土壤中越冬害虫；树干涂白处理，防止因树体冻伤和灼伤，引起腐烂和破腹等病害。

2. 发生后无公害除治措施

（1）生物药剂除治。使用低毒、无残留的生物药剂，开展绿色无公害除治害虫，既能达到控制为害目的，又不会污染环境。目前，生产和应用的生物制剂主要有，仿生制剂、植物源制剂、动物源制剂和微生物制剂等。仿生制剂包括除虫脲、灭幼脲、氟铃脲、杀铃脲、虱螨脲等苯甲酰类产品，其杀虫机制机理均相近，主要对鳞翅目害虫有效，对人、畜安全，对天敌和环境无不良影响；植物源类制剂有苦参碱、除虫菊素、印楝素、鱼藤酮、小檗碱和烟碱等杀虫剂，有多抗霉素、井冈霉素、春雷霉素、小檗碱和乙蒜素等杀菌剂，这类药剂杀虫杀菌广谱，对大多数害虫有效；微生物制剂有阿维菌素、甲基阿维菌素苯甲酸盐、Bt（苏云金杆菌 Bacilus thuringiensis）、美国白蛾病毒、春尺蠖病毒、舞毒蛾病毒、白僵菌、5406放线菌和农抗120专性靶标病毒等。部分生物制剂药剂较缓，使用生物制剂时间要比化学制剂时间提前。

（2）引进释放天敌控制。引进释放天敌控制就是利用生物间的自然调控，达到低密度轻度以下危害的无公害生物防控措施。

天敌种类有昆虫分捕食性天敌、寄生性天敌两大类。自然界中天敌昆虫种类很多，瓢虫、步甲、蜻蜓、草铃、蜘蛛、大黑蚂蚁和寄生蜂类等，目前大量繁育生产和应用的天敌种类有：周氏啮小蜂、管氏肿腿蜂、赤眼蜂、瓢虫、食芽蝇、捕食螨等。在害虫最初发生期，根据天敌制品虫态情况，确定合理的释放时间和释放量，根据合理天敌与害虫比例，选择较好天气在温度适宜的时候释放。引进释放天敌可以丰富天敌种类，增加局地天敌数量，达到持续控制目的。另外，保护林间和果园天敌昆虫，维护自然状况下生态平衡。

（3）信息素防控。信息素防治是利用人工合成的性引诱剂、迷向素诱杀害虫或扰乱害虫交配。目前生产应用的信息素主要有：美国白蛾、舞毒蛾、杨干透翅蛾、苹果蠹蛾、梨小食心虫、橘小食蝇、桃小食心虫、金纹细蛾等多种重点害虫的性诱剂和迷向剂等信息素。利用信息素等防控果树害虫能够明显降低产卵量，压低虫口基数，达到绿色防治目的。信息素设备的挂置运用要按合理的密度、高度进行，才能实现有效防控。

（4）物理方法控制。物理防控是利用害虫生物学特性，及病虫对光、热、色、超声波等特定趋向性，通过设置特定设备和布施物理阻隔方法，实现诱集诱杀和阻隔作用。目前生产上用的物理防治主要有：灯光诱杀、颜色诱集、阻隔带（袋）等方法。灯光诱杀方法是利用特定光波的杀虫灯诱杀害虫，是一种高效、环保、低成本、用工少和无副作用的纯绿色无公害防治方法。能够诱集鳞翅目、鞘翅目的几十种害虫，尤其对夜蛾、灯蛾和毒蛾类害虫效果明显。杀虫灯有黑光灯、高压汞灯、双波灯、频振灯、LED灯和太阳杀虫灯等；颜色诱集方法是利用害虫对特定颜色的强趋向性诱捕害虫，如根据蚜虫对黄色的强烈趋向性，利用带黏虫胶的黄色板诱捕蚜虫；阻隔带（袋）方法是利用害虫的生物学特性，通过设置阻隔带、阻隔环或套袋等阻隔为害。通常有在树干上缠胶带、涂机油、涂黏虫胶、涂毒环，阻隔春尺蠖、草履蚧等具有爬树干上树为害特点的害虫，及果实套袋阻隔为害果实的病、虫。

四、绿色无公害防控技术保障措施

果树病虫害绿色无公害防控是新时期大趋势，是解决当前果树病虫害防控上技术难题一项重要措施，是实现科学、有效防控的技术保障，是提升果树产品质量和竞争力，减少环境污染的重要途径。

1. 加大绿色无公害防治技术科研

进一步加大环保型新技术和无公害防治产品的研究力度，研究出更多种类、针对更多病、虫的便于操作、防治效果好和价格低廉无公害防治技术和产品。新的无公害防治技术和产品要具有替代化学农药的明显优势，具有推广运用的巨大潜力，才能够确保绿色无公害防治技术得到广泛应用。

2. 加强农药监管，杜绝禁用农药使用

国家禁用农药种类42种，限制使用25种。新的《农药管理条例》已于2017年6月1日颁布实施，对农药生产、经营和使用做出了明确规定，提出严格的监管措施，明确了违禁经营、使用农药的处罚办法。要切实加大力度，强化措施，做好农药销售和使用的监管，更要加大违规违法使用违禁农药的处罚力度，确保国家禁止使用的高毒、高残留农药不再销售和使用。

3. 加大绿色无公害防治技术支持力度，无公害产品纳入财政补贴

目前，无公害技术和产品应用范围小，群众认可度不高，无公害防治率低的一个很重要原因是无公害产品成本较高。为了推广无公害产品，提高群众认可度，让更多果树经营者自愿、主动使用无公害防治产品，就要加大财政支持力度，把无公害防治产品纳入财政补贴，鼓励林农、果农应用无公害防治产品。

4. 建立示范点，强化推广宣传，营造绿色防控良好氛围

建立无公害防治示范点，推广应用绿色无公害防控技术和产品，以点带面较大范围推广形成示范带动作用；以示范区无公害防治良好效果为宣传点，宣传无公害防治技术防治效果、优点和重要性，宣传绿色无公害防控对提高产品质量，提升经济收益，及实现病虫害长效持续控制所发挥的重大作用，提高群众对绿色无公害防控的认可度，营造良好的绿色无公害防控氛围。

第二章
绿色无公害防治技术

一、生态调控

生态调控技术根据生态平衡原理，人为输入利于生态平衡的物质因素，或营造利于生态平衡的林间环境，改变现有生态系统的成分和机构，通过实施多元生态补偿，改善生态环境，发挥生态调控作用，实现土壤养分、温度和湿度合理调节，及林下环境生物等动态平衡，达到植物健康生长，有害生物自然调控的目的。

1. 施用有机肥

【主要作用】

（1）提供全面养分。有机肥料养分全面，含有植物生长需要的大量营养成分和多种微量元素。含有果树生长发育所需要的碳、氮、磷、钾、钙、镁、硫、硅等大中量元素，及铁、铜、锌、锰、硼、钼等微量元素。

（2）改善土壤结构，改良土壤，提高土壤肥力。人为施用果树生长营养有机肥，提高土壤有机质含量，改善土壤结构；提高土壤通风、透气性，增进营养元素良好流动，平衡土壤营养元素；有利于土壤微生物生长、繁殖，增强土壤活力。

（3）有机肥属于无毒、无害、无污染肥料，并含有多种糖类，有利于促进果树生长。

（4）施用有机肥能够增强树体抗病能力，减少病虫害发生，提高产量，生产优质、无污染绿色食品。

【施用时期】春季果树萌芽前追肥，秋季落叶前后施基肥。

【施用方法】

（1）放射沟施。以树冠垂直投影外缘为沟长的中心，以树干为轴，每株树呈放射形挖4~6条沟，沟长60~80厘米；沟宽呈楔形，里窄外宽，里宽20厘米，外宽40厘米；沟底部呈斜坡，里浅外深，里深20~30厘米，外深40~50厘米。春季第一次追肥适宜采用这种方法（图1）。

图1　放射沟施肥

（2）环状沟施。以树干为中心，在树冠垂直投影外缘挖环形沟。沟宽20~40厘米，沟深40~50厘米。将肥料与土混匀后填入沟中，距地表10厘米的土中不施肥。秋季施底肥时适宜采用这种方法（图2）。

（3）条状沟施。在树冠垂直投影的外缘，与树行同方向挖条形沟。沟宽20～40厘米，沟深40～50厘米。施肥时，先将肥料与土混匀后回填入沟中，距地表10厘米的土中不施肥。通过挖沟，既能将肥料施入深层土壤中，又有利于肥料效果的发挥，还能使挖沟部位的土壤疏松。随着树冠扩大，挖沟部位逐年外扩，果园大面积土壤结构得到改善。这种施肥方法适宜在秋季施底肥时采用（图3）。

图2　环状沟施肥

图3　条状沟施肥

【有机肥主要产品】普通有机肥主要包括，厩肥、堆肥、沤肥等。

商品有机肥和部分种类见下图。腐殖酸（图4）、黄腐殖酸钾（图5）、生物菌发酵豆粕（图6）、生物菌肥（图7）。

图4 腐殖酸

图5 黄腐殖酸钾

图6 生物菌发酵豆粕

图7 生物菌肥

2. 培育杂草

【主要作用】果园自然生草或人工培育生草是果园土壤管理和病虫害防控非常高效方法。

（1）增加果园土壤有机质含量，通过草根实现营养元素转化，促进土壤营养元素有效吸收和利用。

（2）调节和平衡园内土壤温度、湿度，保持土壤墒情、温度，提高果品含糖量。

（3）改善土壤结构，有利土壤养分流动和微生物繁殖，利于果树健康生长。

（4）改变果园小气候，创造生物多样性种群生存环境，增加天敌种类和数量，实现生物间动态平衡，有利于害虫控制。

（5）园内生草增加植物数量和种类，形成低位病菌受体，能够阻隔和稀释病菌，减少果树病害发生和为害。

（6）减少化肥和农药使用，减轻劳力投入，降低成本；提升果品品质，增强市场竞争力，提高果园效益。

【培育时期】果园自然生草一般为生长季节均可；人工培育生草一般以春播为主，秋播为辅。时间以3月中旬至5月1日为春季播种最佳时期。秋播根据当地气候条件，以9—10月为宜。

【培育准备】培育前期准备主要指人工生草。

（1）地块准备工作。

①清除杂草：彻底清除地面杂草和杂物。

②精细整地：深翻深耕地，平整地面，清除翻出的根须。

③浇好底墒：播种前浇好底墒水。

④施好底肥：深翻前施肥，翻耕。

（2）种子准备工作。

①品种选择：根据种草生物学属性和不同种类果园选择适宜的草种子品种。

②种子处理：清选或筛选种子，清除种子间杂物。

【培育方法】

（1）自然生草。去除无益的恶性杂草，保留培养有益的良性杂草。需要去除杂草类别如下。

①生长高大，长势过旺的草。如反枝苋、藜（灰条菜、灰菜）等。

②木质化程度高，不易倒伏和刈割的草。如曼陀罗、苘麻、益母草、山莴苣等。

③具有根状茎或串根性不易控制的杂草。如刺儿菜（小蓟）、白茅（茅草）。

④缠绕、寄生的恶性杂草。如葎草（拉拉秧）、萝藦、鹅绒藤、牵牛及菟丝子等。

（2）人工生草。

①条播。按不同草种以不同播种深度，树行间开条形沟撒种，行间距根据草品种和长势决定，一般以15～20厘米为宜。播种后对地面平整（图8）。

②撒播。按不同草种以不同播种密度，均匀布撒地面，用齿靶或平靶等翻土掩埋和平整（图9）。

图8　条播生草

图9　撒播生草

【草种选择】

（1）自然生草种类。培养良性草，主要有：苦菜、蒲公英、泥胡菜、臭蒿、曲曲芽、荠菜、辣辣菜、车前、附地菜、夏至草、蛤蟆菜、无心菜、早熟禾、野艾蒿、狗尾草、虎尾草、马唐、牛筋草等。

（2）人工生草种类。

①禾本科：早熟禾、黑麦草、苇状羊茅（高羊茅）、燕麦草、剪股颖、鼠茅草等。

②豆科：长毛野豌豆、白车轴草（白三叶）、红车轴草（红三叶）、野苜蓿、毛叶苕子等。

常见的生草种类有：

黑麦草（图10）、白车轴草（图11）、狗尾草（图12）、牛筋草（图13）、鼠茅草（图14）、苇状羊茅草（图15）、燕麦草（图16）、早熟禾（图17）、野苜蓿（图18）、野艾蒿（图19）。

图10　黑麦草

图11　白车轴草

图12　狗尾草

图13　牛筋草

图14　鼠茅草

图15　苇状羊茅草

图16　燕麦草

图17　早熟禾

图18　野苜蓿

图19　野艾蒿

【生草管理】

（1）除草。果园种草早期容易受到恶性杂草养分和空间竞争生长缓慢，要及时清除杂草，主要是宿根杂草及春季萌发的其他杂草。

（2）刈割。每年根据生长情况刈割2~4次，刈割后留茬高度15厘米左右。

（3）施肥。初次生草果园播种后1~2年，根据需要施肥。

二、天敌生物控制

利用生物物种间相互依存、相互制约的关系，以一种或一类生物抑制另一种或另一类生物。天敌生物控制就是利用有益的天敌控制害虫，达到以虫治虫、以鸟治虫和以菌治虫目的。天敌生物控制最大优点是纯生物防治，对环境不产生任何污染，是生产绿色、有机果品的重要措施。

【主要作用】引进、释放和利用天敌，控制害虫发生数量和为害程度，形成天敌与害虫之间动态平衡，控制虫口基数或害虫少量发生，轻度为害，为害程度和经济损失在经济允许和容忍程度下发生，不使用农药实现有效控制害虫的效果。

【防控对象】鳞翅目、同翅目、鞘翅目、膜翅目、双翅目、脉翅目、蜻蜓目、缨翅目、直翅目、广翅目等多种害虫。如桃小食心虫、苹掌舟蛾、美国白蛾、桃蛀螟、桃红颈天牛、蚜虫、螨、蚧虫、木虱和叶甲等。

【前期准备】

（1）调查发生种类。根据上一年害虫发生情况，及当年发生情况，调查掌握主要害虫发生种类和为害情况，确定需要引进天敌防治的害虫种类。

（2）调查发生量。为提高天敌控制效果，释放天敌前调查害虫发生量，以确定引进和释放天敌数量。

（3）调查发生时期。对一年发生为害一次，掌握最初发生时间；对一年发生多次，掌握每次最初发生时间。以此确定释放天敌时期。

【施用时期】不同天敌对靶标害虫控制时期不同，根据天敌控制靶标害虫的虫态，在该虫态发生期释放天敌。如卵寄生天敌在害虫卵期释放，蛹寄生天敌在害虫化蛹期释放。

【天敌种类】

（1）捕食性天敌。直接取食害虫虫体消灭害虫。如瓢虫、草蛉、捕食螨、虎甲、猎蝽等。

（2）寄生性天敌。寄生害虫卵或蛹，以害虫卵或蛹为营养在其内取食，致使卵或蛹失去活性。如赤眼蜂、寄蜂、小蜂、寄生蝇等。

（3）微生物。微生物侵染害虫，在害虫体上以害虫为营养基质，吸收害虫虫体并在其上繁殖，致死害虫。包括运用细菌、真菌、病毒、线虫、原生物和立克次体等。

【施用方法】

天敌施用方法根据天敌制品不同而不同。

（1）昆虫类天敌（包括捕食性和寄生性）。此类天敌一般采用挂置法使用。将携带天敌的包装袋（卡或蛹）用图钉、铁丝或绳固定在树干或树枝上。引进的天敌要在当天进行挂出，温度适宜情况下，当天敌孵化或化蛹后出来自然扩散，自主寻找害虫取食或寄生。

（2）微生物天敌。此类天敌一般液体制品，利用喷雾器喷洒的方法施用。将微生物天敌制剂用喷雾器喷树体，害虫爬行接触制剂，感染微生物。

【天敌种类产品】

赤眼蜂（图20）、异色瓢虫及产品（图21）、食蚜蝇及产品
（图22）、捕食螨（图23）、管氏肿腿蜂（图24）、周氏啮小蜂
（图25）。

图20　赤眼蜂

图21　异色瓢虫及产品

图22　食蚜蝇及产品

图23　捕食螨　　　　图24　管氏肿腿蜂　　　　图25　周氏啮小蜂

三、诱剂诱捕防控

鳞翅目、鞘翅目昆虫为果树主要害虫，均通过雌、雄交配方式繁殖后代。雌、雄成虫羽化后，雄虫主要通过嗅觉感受器寻觅雌虫释放的特定信息素找到雌虫进行交配，实现后代的繁衍和发展。诱剂诱捕是通过布设人工合成的，含有特定害虫特点的交配信息素诱芯，配以诱捕诱集装置，诱集诱捕害虫雄成虫的方法。

【主要作用】运用人工合成的性诱剂，利用诱芯和诱捕器诱捕诱集雄成虫，人为控制园间雌、雄虫比例，导致雌、雄成虫比例明显失衡，减少交配概率，致使大部分雌成虫得不到正常交配，减少产卵量，降低下一代虫口基数，达到控制为害目的。通过利用诱剂诱捕方法，减少化学农药使用，提升果品质量和市场竞争能力，提高果园效益。

【防控对象】梨小食心虫、桃小食心虫、李小食心虫、金纹细蛾、苹小卷叶蛾、桃蛀螟、实蝇、旋纹夜蛾、美国白蛾、桃红颈天牛、金龟子等。

【前期准备】

（1）调查发生种类。根据上一年害虫发生情况，及当年发生情况，调查掌握主要害虫发生种类和为害情况，确定需要运用诱捕设备种类。

（2）调查发生时期。对一年发生为害一次，掌握最初发生时间；对一年发生多次，掌握每次最初发生时间。以此确定布设诱捕设备的时期。

【设置时期】诱剂诱捕设备挂置根据害虫成虫羽化期，应在羽化期前悬挂。悬挂前应把诱芯放置在冰箱中冷藏保存。

【设置方法】用铁丝将诱捕器挂在树枝上或树干上。挂置位置根据诱杀害虫的活动习性确定。蛀干害虫诱捕器一般将诱捕器挂在树干上，食叶、蛀果和蛀梢害虫一般将诱捕器挂在树枝上。挂置后将诱芯先按要求挂或固定在诱捕器内。部分诱捕器需要在挂前放置好诱芯。一般用于监测诱捕器挂置数量为每亩地一个，用于防治为每亩地3~5个。

为确保诱捕效果，挂置后待诱捕器黏板或桶内诱到成虫数量大时，及时更换黏板或倒出诱到成虫。并及时更换诱芯或添加诱液。

诱剂种类产品包括果蝇诱芯和诱捕器（图26）、梨小食心虫诱芯和诱捕器（图27）、桃小食心虫诱芯和诱捕器（图28）、金纹细蛾诱芯和诱捕器（图29）、苹小卷叶蛾诱芯和诱捕器（图

30）、松梢螟诱芯和诱捕器（图31）、美国白蛾诱芯和诱捕器
（图32）、天牛诱芯和诱捕器（图33）、金龟子诱芯和诱捕器
（图34）、绿盲蝽和诱芯诱捕器（图35），共10类。

图26 果蝇诱芯和诱捕器

图27 梨小食心虫诱芯和诱捕器

图28 桃小食心虫诱芯和诱捕器

图29　金纹细蛾诱芯和诱捕器

图30　苹小卷叶蛾诱芯和诱捕器

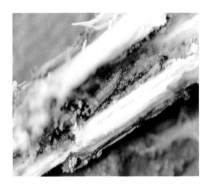 

图31　松梢螟诱芯和诱捕器

图32　美国白蛾诱芯和诱捕器

图33　天牛诱芯和诱捕器

图34　金龟子诱芯和诱捕器

图35　绿盲蝽诱芯和诱捕器

四、信息干扰防控

信息干扰防控是利用害虫雌、雄成虫交配时通过彼此散发的信息找到对方进行交配产卵的特点，运用人工合成的高浓度交配信息素，扰乱一定区域内雌、雄成虫交配信息联系，不能实现正常交配。

【主要作用】迷向散发器散发的高浓度信息素，掩盖雌成虫信息素气味，降低雄成虫触角灵敏度，致使雄成虫失去方向，不能准确找到雌成虫交配，降低雌、雄成虫交配概率，减少产卵量，控制发生基数。利用信息干扰法防控害虫，操作简便，减少农药使用，是生产绿色无公害产品重要措施。

【防控对象】鳞翅目害虫。如梨小食心虫、苹果蠹蛾。

【设置时期】信息干扰散发器时效性比较强，要掌握好当地防控对象成虫羽化时期。一般在成虫羽化前3～5天布置。

【设置方法】将迷向散发器（丝）挂树冠中上部，条件许可同时在上、中、下部悬挂效果更好。悬挂前需要将迷向散发器（丝）冰箱中冷藏保存；由于信息素具有较高灵敏度，悬挂时手需要洗干净，防止污染散发器（丝），影响效果。

根据园内树密度，一般每亩用量40根（条）散发器（丝）；散发器（丝）持效期分别有3个月和6个月两种，根据情况及时更换。防控面积以50亩以上为宜（图36）。

图36　迷向散发器（丝）

五、物理方法防控

物理方法防控指利用害虫的趋光性和生活习性，通过一定设备或简单工具，利用多种物理因素，如光谱、颜色、气味、胶带和网等，对害虫进行诱集、阻隔或杀灭的防治措施，防止害虫扩散、迁移，控制害虫发生数量，降低为害，在不使用化学农药情况下达到防治效果。

1. 设置诱虫灯

【主要作用】利用害虫成虫对特定光波光谱的趋向性，挂置能够释放特定光波的灯，诱使害虫聚集，并通过灯周围电网触杀成虫。

（1）设置诱虫灯后成虫发生期能够自动诱集诱杀。

（2）能够实现对多种害虫的诱杀。

（3）不需要人工干预，省工省力，诱集的虫体可作为喂养家禽良好食料。

（4）时效性长，能够连续多年使用，实现长期控制害虫的目的。

（5）减少用药次数，降低防治成本。

【防控对象】鳞翅目、鞘翅目等多种害虫。如食心虫、灯蛾、夜蛾、天牛和金龟类害虫等。

【设置时期】诱虫灯为耐用型和反复利用型防控设备，设置时间可以根据需要随时设置。一般在成虫羽化前5～10天布置。

【设置方法】

（1）普通诱虫灯。普通诱虫灯为悬挂式杀虫灯。布置时用绳或铁丝悬挂在树上树冠下部或带有支架的杆上，高度为1.5～2.0米；挂置在周围较为开阔的树上（图37）。

（2）太阳能诱虫灯。太阳能诱虫灯为支架式杀虫灯，布置时需要将支架固定在地面，蓄电池进入地下，在支架上部安装诱虫灯和太阳能板（图38）。

根据园内树密度，一般40～60亩布置一台诱虫灯。

图37　普通诱虫灯

图38　太阳能诱虫灯

2. 放置食诱剂

【主要作用】不同的害虫对不同气味具有趋向性，利用害虫对特定气味的趋向性，配制相应气味的液体作为食诱剂，诱杀害虫。利用食诱剂诱杀害虫设备简单，用料费用低廉，操作简便，防治成本低，能够达到较好的防治效果。

【防控对象】鳞翅目、鞘翅目、双翅目等多种害虫。如梨小食心虫、梨大食心虫、桃小食心虫类、卷叶蛾类、金龟类、地老虎类、蝇类和螨类害虫等。

【诱剂组成和装置】食诱剂一般用糖醋液，由红糖、醋、酒和水组成，按红糖、醋、酒和水为1：4：1：16的比例配制。食诱剂装置可以用瓶、盆。

【设置时期】根据诱杀对象成虫羽化时期布置，一般在成虫羽化前3~5天布置。

【设置方法】将食诱剂（糖醋液）装在瓶或盆内，装液量控制在容器的1/2；将装有食诱剂的瓶或盆用铁丝或绳悬挂在树冠外围中上部无遮挡处，高度为1.5米左右；每亩果园挂6个；定时清除诱集的害虫，每周更换一次糖醋液（图39）。

图39　糖醋液诱虫

3. 缠胶带阻隔

【主要作用】利用部分害虫出土蛰后或越冬时爬上、爬下树的特点，在树干上缠胶带，形成阻隔环，阻止害虫上树为害。利用缠胶带阻隔害虫为害，简单易行，作用直接，防治成本低，能够达到较好的防治效果。

【防控对象】鳞翅目、直翅目、鞘翅目、半翅目和螨等多种害虫。如尺蠖类、毒蛾类、草履蚧、粉蚧、食芽角甲、大灰象、绿盲蝽和部分叶螨等。

【设置时期】根据阻隔对象上下树时期布置。

【设置方法】用20厘米宽的胶带在树干1.5米上下处缠绕一圈。缠绕处树干选择较光滑平整树段。阻隔后根据情况对阻隔到的害虫及时集中施药处理（图40）。

图40　缠胶带阻隔

4. 涂黏虫胶

【主要作用】许多部分害虫出土蛰后或越冬时爬上、爬下树的特点，利用害虫这一特点在树干上涂抹黏虫胶，形成阻隔环，黏住害虫，集中杀灭。利用涂黏胶法阻隔害虫为害，有效期长，简单易行，作用直接，环保无害，实现较好防治目的。

【防控对象】鳞翅目、直翅目、鞘翅目、半翅目和螨等多种害虫。如尺蠖类、毒蛾类、草履蚧、粉蚧、食芽角甲、大灰象、绿盲蝽和部分叶螨等。

【涂胶时期】根据防治对象上、下树时期适时涂抹。

【涂胶方法】选择树干1.5米上下处较光滑平整树段涂抹一圈黏虫胶，宽度以5厘米左右为宜。为提高黏虫效果，可在涂抹前在树干上缠一圈胶带，在胶带上涂黏虫胶。根据需要，黏虫胶环可涂1~2个，形成多段阻隔黏虫带，防治效果更佳（图41）。

图41　涂黏虫胶阻隔

5. 布防虫网

【主要作用】栽培区通过在棚架上覆盖防虫网，或在树干缠绕防虫网，形成隔离屏障，切断害虫传播途径，阻止害虫传入或传出，有效控制外界害虫传入为害和树体内害虫羽化出网为害。利用布防虫网方法阻隔害虫为害，简便易行，成本低廉，有效期长，效果明显。

【防控对象】鳞翅目、直翅目、鞘翅目、半翅目和螨等多种害虫。如：尺蠖类、毒蛾类、夜蛾类、木蠹蛾类、天牛类、蚜虫、粉虱、食芽角甲、大灰象、绿盲蝽和部分叶螨等。

【布置时期】预防多种害虫传入，需要较大面积使用时，适宜在春季萌芽前布防；预防单一蛀干害虫羽化出树时，根据防治对象羽化时间布置，一般在羽化前5～7天。

【布置方法】

（1）多虫种预防。栽培区搭建棚架，将防虫网覆盖棚架上，覆盖整个顶部和四周。覆盖后顶部用细线绷紧，四周用土或砖等压实，不留缝隙。侧面留出一门，方便出入（图42）。

图42　多虫预防

（2）单虫种预防。截取适宜长度的防虫网，缠绕树干一周，需要时可多缠绕一圈。缠绕后将上、下口和对接口封好，防止害虫爬出（图43）。

图43　单虫预防

6. 挂置色板

【主要作用】部分害虫对某些颜色具有明显趋向性，利用害虫对特定颜色的趋向性，挂置一定颜色的具有黏性的黏板，诱杀害虫，控制虫口密度，降低发生基数。利用布防虫网方法能够有效减少为害，不造成农药残留和害虫抗药性，可兼治多种虫害。

【防控对象】直翅目、双翅目、鞘翅目等多种害虫。如蚜虫、叶蝉、粉虱、蓟马、小蠹虫、吉丁虫等小型害虫。

【挂置时期】害虫发生期可挂置色板。一般在4月上旬开始。

【挂置方法】将色板通过铁丝或绳挂于树上，以挂在树冠外部较高处为宜；或用竹竿、木杆、绳挂于树间。一般每亩地挂15～20个色板（图44）。

图44　挂置黄色板诱集

7. 设置诱集场所

【主要作用】大多数害虫具有越夏、越冬习性，越夏、越冬时需要寻找隐蔽场所休眠。利用害虫这一习性，在树干上人为设置害虫越夏、越冬场所，诱使害虫在其中越夏、越冬，集中销毁处理，杀灭害虫，减少虫口基数，达到防治效果。

【防控对象】鳞翅目、直翅目、鞘翅目、半翅目和螨等多种害虫。如食心虫类、尺蠖类、毒蛾类、草履蚧、粉蚧、食芽角甲、大灰象、绿盲蝽和部分叶螨等。

【设置时期】害虫发生后期开始越夏或越冬时布置。

【设置方法】设置诱集场所材料包括秸秆、稻草和破布头等。一般以秸秆、稻草为主。将秸秆、稻草用麻绳分上、中、下三个位置绑在树冠下部树干上。绑法为上紧下松利于害虫钻入，达到诱集效果。设置诱集场所后，适时查看并及时处理，防止害虫在此完成越夏、越冬，进入再次为害阶段（图45）。

图45　绑草把诱集

六、人工防控

人工防控措施指通过人工行为，清除病、虫害传染源，破坏越夏、越冬场所，剪除被害枝、果等，控制病、虫害传染源，降低发生基数防控方法。

（1）修剪。做好修剪，剪除徒长、内膛密生和萌蘖枝，改善果树通风透光条件；摘除病枝病果、僵果和干枯枝。

（2）清园。在秋末收集枯枝、落果、落叶，集中烧毁，可以减少越冬病原菌基数，减轻来年发生病害的程度。

（3）涂白。树干基部涂白，防止病虫害，以及日灼和冻害发生。涂白剂按生石灰10千克、硫黄粉1千克、食盐0.2千克，加水30～40千克的比例配制。

（4）刮皮。进行人工刮除树枝、树干老翘皮和病斑，清除树皮缝中越冬害虫，及病斑上病原菌。

（5）刷虫。用硬毛刷刷除树枝上越冬介壳虫，或树皮缝中越冬螨、蚜虫等。以降低虫口基数。

（6）剪虫包（网）。发现害虫为害的形成的虫网、网幕、折梢、虫苞、黏叶等被害状时，用高枝剪剪除，或手工摘除，集中销毁。

七、生物农药防控

生物农药是指利用生物活体、其代谢产物，或通过仿生合成的对害虫、病菌、杂草、线虫、鼠类等农、林有害生物进行杀灭或抑制的制剂。属于具有特异作用的生物农药制剂，能够实现杀虫、防病、促生等多种功能。是目前各地大力推广引用的高效、低毒、低残留的绿色无公害农药。

与传统化学农药相比具有明显优点。

（1）生态环保，提高产品质量。生物农药又称天然农药。用于制作生物农药的原料及其有效活性成分，全部取之于自然界存在的生物活体（真菌、细菌、昆虫病毒、植物、转基因生物、天敌等）或其代谢产物（信息素、生长素、萘乙酸钠、2,4-D等）而制成，最大特点是极易被日光分解，被植物和各种土壤微生物吸收分解，属于低毒低残留药剂，对土壤、水源和大气等环境安全、无污染。

（2）靶标专一，对人、畜无害。生物农药靶标针对性强，只对需要控制的目标病虫为害发挥作用，一般对人类、家畜、鸟类、其他哺乳动物和有益生物天敌等安全，不形成为害。

（3）不产生抗药性。生物农药适用范围、作用途径、成效成分和作用机理等特异，一般在防治过程中害虫不产生抗药性。

1. 主要类型

生物农药主要分为以下三大类。

（1）植物源农药。从植物体提取有效杀虫、灭菌成分制作而成的药剂，是目前绿色生物农药的首选。自然界已发现的具有农药活性的植物源杀虫剂有：除虫菊花、苦参、烟草、小檗、印楝树、藜芦和鱼藤等。

（2）动物源农药。动物在攻击敌人、保护自身和获取猎物时产生的毒素或激素，具有抑制昆虫生长和干扰新陈代谢作用。用此类毒素或激素制成药剂，用于毒杀、抑制害虫。毒素主要有蜘蛛毒素、黄蜂毒素、沙蚕毒素等；激素主要有保幼激素、蜕皮激素和羽化激素等。

（3）微生物源农药。利用微生物或其代谢物作为防治农、林有害生物的制剂。微生物类群包括，细菌、真菌、病毒、原生动物、线虫等。

2. 防控对象

生物农药作用广泛，具有治虫和杀菌等多种功能。防治害虫：鳞翅目、鞘翅目、半翅目、直翅目和螨等主要害虫；杀灭治病：轮纹病、炭疽病、叶枯病、褐斑病、根腐病、霜霉病、白粉病、腐烂病、溃疡病和黑星病等主要病害。

3. 使用方法

生物农药由于来源和制剂的特殊性，使用时不用考虑污染环境、毒害人畜、伤害天敌和诱发抗性等问题。但是生物农药使用

时需要注意温度、湿度、太阳光和雨水等气候因素。

（1）适宜温度喷药。生物农药中的动物源农药和微生物农药，其活性成分主要为蛋白质晶体和活性芽孢，这两种物质受温度影响大，对温度要求较高。使用时要在适宜的温度下喷施，才能保证效果。温度过高或过低均影响生物农药药效的发挥。动物源农药和微生物农药使用时适宜温度为20～30℃。

（2）合适湿度喷药。动物源农药和微生物农药等生物农药具有生物活性，对湿度非常敏感，其活性大小受湿度影响较大。喷药时间应选择在早晨或傍晚，一天当中湿度较大的时候使用。

（3）避免强光喷药。过强的阳光照对影响生物农药活性，进而影响农药效果发挥。喷药时间应选择在光照比较弱的早晨或傍晚。

（4）避免雨水天喷药。为防止较大雨水冲刷药剂，避免在雨水天喷药。施药前根据天气情况，如果施药后第二天有较大降雨，不适宜喷药。或遇降雨后要及时补喷，以确保防治效果。

（5）适时提前喷药。生物农药一般药效发挥作用较慢，单纯的生物农药药效发作时间一般为2～3天。因此，使用生物农药防治时，要做好病、虫情调查，根据需要提前用药。

4. 主要产品

（1）植物源农药。苦参碱、烟碱、除虫菊素、小檗碱、印楝素、藜芦碱和鱼藤酮等。

（2）动物源农药。毒素类有杀螟丹、杀虫环、杀虫双等；激素类有脑激素、保幼激素和蜕皮激素。

（3）微生物农药。夜蛾核型多角体病毒、尺蠖核型多角体病毒、武夷菌素、多抗霉素、春雷霉素、齐螨墩素、井冈霉素、公主霉素、浏阳霉素、杀蚜素、南昌霉素、韶关霉素、梅岭霉素。
苏云金杆菌（Bt）、农抗120、农抗5102、阿维菌素、中生菌素、
蜡质芽孢杆菌、荧光假单孢、双毒杆菌、枯草杆菌、白僵菌、绿
僵菌、拟青霉、NPV（核多角体病毒）、GV（颗粒体病毒）、芫
菁夜蛾线虫、蝗虫微孢子虫、云杉卷蛾微孢子虫等。

八、常见生物农药及防控对象

（一）杀虫剂

1. 苦参碱

苦参碱是从植物苦参的根、茎、果
中利用有机溶剂提取的有效成分配制而
成。其主要成分有苦参碱、槐果碱、氧
化槐果碱、槐定碱等多种生物碱，以苦
参碱、氧化苦参碱含量最高。

【剂　　型】0.3%苦参碱水剂、1%
苦参碱醇溶液、0.2%苦参碱水剂、1.1%
苦参碱粉剂、1.0%苦参碱可溶性液剂、
1.3%苦参碱水剂等剂型（图46）。

【作用原理】苦参碱具有触杀、胃毒
和忌避作用。通过麻痹神经中枢系统，使
虫体蛋白凝固、干扰蜕皮和虫体气孔堵死

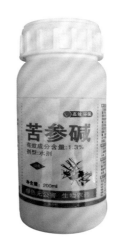

图46　苦参碱

作用，害虫出现拒食、绝育，窒息死亡。对害虫击倒力强，杀虫
谱广，不产生抗药性，对人、畜低毒，对植物及环境安全。

【防治对象】对蛾类幼虫、蚜虫、红蜘蛛有明显的防治效
果。兼具杀菌和促进植物生长功能（图47）。

图47　苦参碱防治对象

【使用方法】苦参碱主要用于喷雾，喷烟；也可用于土壤处理或灌根。

【注意事项】

（1）苦参碱药效发挥慢，速效性低，适合虫龄较低时适时用药效果更好。

（2）不能与碱性农药混用，前期使用过化学农药，隔5~7天施用。

（3）使用前需密闭保存，避免高温、潮湿和阳光直射。

（4）使用时避免接触皮肤和眼睛，不慎接触到立即使用清水冲洗，必要时就医。

2. 除虫菊素

除虫菊素是从除虫菊花早分离萃取的具有杀虫作用的活性成分。包括除虫菊素Ⅰ、除虫菊素Ⅱ、瓜叶菊素Ⅰ、瓜叶菊素Ⅱ、茉酮菊素Ⅰ、茉酮菊素Ⅱ组成。

【剂　　型】1.5%除虫菊素水乳剂、3%除虫菊乳油、5%除虫菊乳油等剂型（图48）。

图48　除虫菊素

【作用原理】除虫菊素是一种典型的神经毒剂，具有触杀、胃毒和忌避作用。能对周围神经系统、中枢神经系统及其他器官组织同时起作用。通过麻痹神经中枢系统，异化神经纤维和神经轴运动，使害虫出现兴奋过度，运动失调，迅速被击倒和麻痹。拒食、绝育，窒息死亡。对害虫击倒力强，杀虫谱广，不产生抗药性，对人、畜低毒，对植物及环境安全。

【防治对象】对蛾类幼虫、叶甲、椿象、蝉、金龟、蚜虫、红蜘蛛有明显的防治效果（图49）。

图49 除虫菊素防治对象

【使用方法】除虫菊素主要用于喷雾。

【注意事项】

（1）不能与碱性农药混用，前期使用过化学农药，隔5～7天施用。

（2）使用前需密闭保存，避免高温、潮湿和阳光直射。

（3）用药时避开阳光直射，避免分解影响药效。

（4）喷药要透，以接触到虫体为佳。

3. 藜芦碱

藜芦碱是从喷嚏草和白藜芦的根茎中利用乙酸萃取有效成分配制而成。主要化学成分为是瑟瓦定和藜芦定。

【剂　　型】0.5%藜芦碱可溶液剂等剂型（图50）。

【作用原理】藜芦碱具有触杀和胃毒作用。药剂通过害虫与药剂接触或取食到药剂，进入体表皮或吸食进入消化系统，造成局部较强刺激，引起虫体反射性过度兴奋，导致虫体感觉神经末梢受抑制，后抑制中枢神

图50　藜芦碱

经，不能正常代谢而致害虫死亡。对害虫击倒力强，杀虫谱广，不产生抗药性，对人、畜低毒，对植物及环境安全。

【防治对象】对蛾类幼虫、叶甲、椿象、蝉、金龟、蓟马、蚜虫、红蜘蛛有明显的防治效果（图51）。

图51　藜芦碱防治对象

【使用方法】藜芦碱主要用于喷雾。

【注意事项】

（1）不能与碱性农药混用，可与有机磷、菊酯类药剂混用，需现配现用。

（2）使用前需密闭保存，避免高温、潮湿和阳光直射。

（3）用药时避开阳光直射，避免分解影响药效。

（4）喷药时采取保护措施，不慎接触到皮肤或眼睛，立即用肥皂和清水清洗。

4. 印楝素

印楝素是一种自热带植物印楝的果实、种子、树叶和树皮中分离出来的具有杀虫活性的化合物。主要成分为苦楝子素、苦楝三醇和印楝素等。

【剂　　型】0.3%印楝素乳油、0.32%印楝素乳油、0.5%印楝素乳油、0.7%印楝素乳油。其剂型均为乳油（图52）。

【作用原理】印楝素作用机理较复杂，能从几个方面对害虫发挥作用，达到控制效果。一是直接对害虫口器化学感应器官产生影响，使害虫出现拒食；二是

图52　印楝素

害虫食入以后，对中肠消化酶产生影响，使害虫营养转换不足，影响生长和发育。三是影响害虫保幼激素的合成和释放，导致害虫不能正常蜕皮。四是导致害虫卵卵黄原蛋白合成不足，从而不能正常发育。印楝素对昆虫具有很强的胃毒、触杀、拒食、抑制害虫生长发育、驱避、抑制害虫呼吸、抑制昆虫激素分泌、降低昆虫生育能力等多种作用。在极低浓度下具有抑制和阻止昆虫蜕皮、降低昆虫肠道活力、抑制昆虫成虫交配产卵的作用。对害虫击倒力强，杀虫谱广，不产生抗药性，对人、畜低毒，对植物及环境安全。

【防治对象】对蛾类幼虫、叶甲、椿象、蝉、金龟、蓟马、蚜虫、飞虱、红蜘蛛有明显的防治效果，特别对半翅目、鳞翅目和鞘翅目害虫防治效果显著；对地下害虫具有好的效果（图53）。

图53 印楝素防治对象

【使用方法】印楝素主要用于喷雾，也可用于灌根。

【注意事项】

（1）不能与碱性农药混用。

（2）使用前需密闭保存，避免高温、潮湿和阳光直射。

（3）用药时避开阳光直射，避免分解影响药效。

（4）药效较慢，在虫龄较低时适时使用。

5. 鱼藤酮

鱼藤酮从豆科鱼藤属植物根中提取的有效活性成分配制而成药剂。主要植物为热带和亚热带豆科鱼藤属植物根中，地瓜子、苦檀子、鸡血藤等植物根中也不同程度含有。

【剂　　型】鱼藤酮用途较广，产品剂型较多：2.5%鱼藤酮乳油、7.5%鱼藤酮乳油、3.5%高渗鱼藤酮乳油、5%除虫菊素·鱼藤乳油、18%辛·鱼藤乳油、1.3%氰·鱼藤乳油、1.3%氰·鱼藤乳油、2.5%氰·鱼藤乳油、7.5%氰·鱼藤乳油、1.8%阿维·鱼藤乳油和25%水胺·鱼藤乳油（图54）。

【作用原理】鱼藤酮对害虫具有很强的胃毒、触杀作用，主要抑制害虫呼吸作用。主要是与NADH脱氢酶与辅酶Q之间的某一成分发生作用。使害虫细胞的电子传递链受到抑制，从而降低生物体内的ATP水平最终使害虫得不到能量供应，然后行动迟滞、麻痹而缓慢死亡。微毒、较高效、击倒速度快，持效

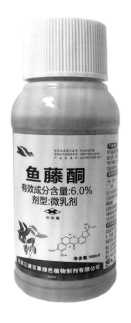

图54　鱼藤酮

期较长，为化学农药良好替代品，虫螨兼治、省时省药、能有效地降低抗药性。

【防治对象】对蛾类幼虫、叶甲、椿象、蝉、蓟马、蚜虫、飞虱、红蜘蛛有明显的防治效果，特别对半翅目、鳞翅目效果显著；对土壤、地下害虫具有好的效果（图55）。

图55　鱼藤酮防治对象

【使用方法】鱼藤酮主要用于喷雾，也可用于灌根。

【注意事项】

（1）不能与碱性农药混用；使用时注意鱼、家蚕等。

（2）使用前需密闭保存，避免高温、潮湿和阳光直射。

（3）用药时避开阳光直射，避免分解影响药效。

（4）药效较慢，在虫龄较低时适时使用。

6. 阿维菌素

阿维菌素是从土壤微生物中分离的天然产物。

【剂　　型】0.5%、0.6%、1.0%、1.8%、2%、3.2%、5%阿维菌素乳油，1%、1.8%阿维菌素可湿性粉剂等（图56）。

图56　阿维菌素

【作用原理】阿维菌素干扰害虫神经生理活动，刺激释放γ-氨基丁酸，抑制神经传导，从而阻断神经末梢与肌肉的联系，害虫与药剂接触后出现麻痹症状，不活动不取食，2～4天后死亡。具有触杀、胃毒作用，对叶片渗透力强，在植物内形成许多的微型药囊，可杀死表皮下害虫和刺吸害虫，且残效期长。它不杀卵，对捕食性和寄生性天敌虽有直接杀伤作用，但因植物表面残留少，因此对益虫的损伤小。对根节线虫作用明显。

【防治对象】对蛾类幼虫、叶甲、椿象、蝉、蓟马、蚜虫、飞虱、红蜘蛛有明显的防治效果，特别对半翅目、直翅目和螨效果显著（图57）。

图57　阿维菌素防治对象

【使用方法】阿维菌素主要用于喷雾、喷烟防治。

【注意事项】

（1）不能与碱性农药混用，使用时注意鱼、家蚕和蜜蜂等。

（2）使用前需密闭保存，避免高温、潮湿和阳光直射。

（3）用药时避开阳光直射，避免分解影响药效。

（4）药效较慢，在虫龄较低时适时使用。

（5）药效较长，收获前20天停止用药。

（6）使用时做好保护措施，避免药剂与皮肤接触或溅入眼睛，不慎接触到用清水冲洗，并根据需要就医。

7. 多杀霉素

多杀霉素又名多杀菌素，是由土壤放线菌刺糖多孢菌在培养介质下经有氧发酵后产生的次级代谢产物。

【剂　　型】多杀霉素用途较广，防治害虫产品剂型：2.5%和5%多杀霉素悬浮剂（图58）。

图58　多杀霉素

【作用原理】多杀菌素的作用机制较独特，不同于一般的大环内酯类化合物，其独特的化学结构决定了其独特的杀虫机理。多杀菌素对昆虫存在快速触杀和摄食毒性，它具有神经毒剂特有的中毒症状，它的作用机制是通过刺激昆虫的神经系统，增加其自发活性，导致非功能性的肌收缩、衰竭，并伴随颤抖和麻痹。

【防治对象】能有效控制的害虫包括鳞翅目、双翅目和缨翅目害虫，同时对鞘翅目、直翅目、膜翅目有一定毒杀效果（图59）。

图59　多杀霉素防治对象

【使用方法】多杀霉素主要用于喷雾。

【注意事项】

（1）不能与碱性农药混用，使用时注意鱼、家蚕等。

（2）使用前需密闭保存，避免高温、潮湿和阳光直射。

（3）采收前七天施用。

（4）施用时采取保护措施，如不慎溅到皮肤或眼睛，立即用大量清水或肥皂水清洗。

8. 苏云金杆菌

苏云金杆菌简称Bt，该菌可产生两大类毒素，即内毒素（伴胞晶体）和外毒素。

【剂　　　型】生产使用上有悬浮剂和可湿性粉剂两种剂型（图60）。

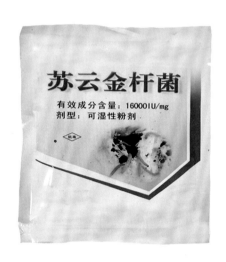

图60　苏云金杆菌

【作用原理】苏云金杆菌活性成分是一种杀虫晶体蛋白，为产晶体的芽孢杆菌，杀虫作用以胃毒为主。苏云金杆菌可产生内毒素和外毒素两大类毒素，害虫感染苏云金杆菌后会慢慢停止取食，致使害虫因饥饿和细胞壁破裂、血液败坏和神经中毒而死亡。该药作用缓慢，害虫取食后2天左右才能见效，持效期约1天，因此使用时应比常规化学药剂提前2~3天，且在害虫低龄期使用效果较好。

【防治对象】苹果、梨、桃、枣等多种果树害虫，如甜菜夜蛾、斜纹夜蛾、甘蓝夜蛾、银纹夜蛾、蚜虫、蓟马、飞虱、椿象、红蜘蛛、跳甲等多种害虫（图61）。

图61　苏云金杆菌防治对象

【使用方法】可通过喷雾、喷粉方法使用。

【注意事项】

（1）不能与内吸性有机磷杀虫剂和杀菌剂混用。

（2）使用前需密闭保存，避免高温、潮湿和阳光直射。

（3）药效较慢，在虫龄较低时适时使用。

9. 核型多角体病毒

核型多角体病毒是一类专性昆虫病毒。不同昆虫种类核型多角体病毒不同。

【剂　　型】根据防治对象不同，核型多角体病毒剂型有棉铃虫、尺蠖、美国白蛾、夜蛾、毒蛾等害虫的病毒制剂；含量有10亿PIB/毫升（%）、20亿PIB/毫升（%）等（图62）。

图62　核型多角体病毒

【作用原理】核型多角体病毒呈十二面体、四角体、五角体、六角体等多角体。一个角体内含有多个杆状病毒粒子。害虫经口或伤口感染核型多角体病毒，进入虫体后病毒经胃液消化，杆状病毒粒子被释放出来，经肠上皮细胞进入体腔，侵入虫体细胞，在细胞核内增殖，之后再扩散、蔓延侵入健康细胞，直到昆虫致死。病虫粪便和死虫携带核型多角体病毒，再传染其他昆虫，使病毒病在害虫种群中传播流行，从而控制害虫为害。病毒也能够通过卵传染到害虫下一代。核型多角体病毒比较稳定，传染力可达数息年。专化性强，一种病毒只能寄生一种昆虫或其邻近种群。只能在活的寄主细胞内增殖。核型多角体病毒寄主范围较广，主要寄生鳞翅目昆虫。比较稳定，在无阳光直射的自然条件下可保存数年不失活。粉纹夜蛾核型多角体病毒在土壤中可维持感染力达5年左右。可以实现长效控制目的。

【防治对象】棉铃虫、美国白蛾、春尺蠖、甜菜夜蛾和舞毒蛾等（图63）。

图63　核型多角体病毒防治对象

【使用方法】核型多角体病毒主要用于喷雾。

【注意事项】

（1）不能与碱性农药混用。

（2）使用前需密闭保存，避免高温、潮湿和阳光直射。

（3）用药时避开阳光，直射避免分解影响药效。

（4）药效较慢，在虫龄较低时适时使用。

10. 绿僵菌

绿僵菌为真菌类杀虫剂。

【剂　　型】生产用绿僵菌制剂为含量200亿活孢/克粉剂和含量80亿活孢子/克可分散油悬浮剂。产品有金龟子绿僵菌（图64）。

图64　绿僵菌

【作用原理】绿僵菌能够寄生于多种害虫，虫体接触到绿僵菌被感染后，通过体表侵入进入到害虫体内，在害虫体内不断繁殖，消耗虫体营养，并产生毒素，达到致死害虫作用；绿僵菌致死受感染的害虫后，不断在害虫种群中传播，使周围更多害虫感病致死。绿僵菌具有专一性，对人畜无害，同时还具有不污染环境、无残留、害虫不会产生抗药性等优点。

【防治对象】蛴螬、金针虫、地老虎、蝼蛄等鞘翅目、鳞翅目、直翅目地下害虫。也可用于防治介壳虫、白粉虱、蚜虫、蓟马、马铃薯叶甲、甜菜夜蛾、斜纹夜蛾、豆荚螟、菜螟、玉米螟、天牛、甘蔗金龟子、松毛虫、玉米螟、小绿叶蝉、桃小食心虫等（图65）。

图65　绿僵菌防治对象

【使用方法】用于喷雾、喷粉和拌土使用。

【注意事项】

（1）不能与杀菌剂农药混用，可与杀虫剂混用。

（2）使用前需密闭保存，避免高温、潮湿和阳光直射。

（3）用药时避开阳光，直射避免分解影响药效。

（4）药剂现用现配，不能放置时间过长，以致失去药效。

（5）家蚕、蜜蜂及其他养殖区禁用。

11. 白僵菌

白僵菌分布范围很广，从海拔几米至2 000多米的高山均有白僵菌存在，白僵菌可以侵入6个目15科200多种昆虫、螨类。

【剂　　型】生产用白僵菌制剂为粉剂（图66）。

图66　白僵菌

【作用原理】白僵菌孢子接触害虫后，在适宜的温度条件下萌发，出生芽管，同时产生脂肪酶、蛋白酶、几丁质酶溶解昆虫的表皮，由芽管入侵虫体，生长菌丝侵入虫体内，在虫体内生长繁殖，产生大量菌丝和分泌物，消耗寄主体内养分，形成大量菌丝和孢子，布满虫体全身。同时产生各种毒素，使害虫致病，4～5天后死亡。死亡的虫体白色僵硬，体表长满菌丝及白色粉状孢子。孢子可借风、昆虫等继续扩散，侵染其他害虫。白僵菌对人畜无害，同时还具有不污染环境、无残留、害虫不会产生抗药性等优点。

【防治对象】蛴螬、金针虫、地老虎、蝼蛄等鞘翅目、鳞翅目、直翅目地下害虫。也可用于防治介壳虫、白粉虱、蚜虫、蓟马、马铃薯叶甲、甜菜夜蛾、斜纹夜蛾、玉米螟、天牛、金龟子、松毛虫、玉米螟、小绿叶蝉、桃小食心虫等（图67）。

图67　白僵菌防治对象

【使用方法】用于喷雾、喷粉和拌土使用。

【注意事项】

（1）不能与杀菌剂混用，可与杀虫剂混用。

（2）使用前需密闭保存，避免高温、潮湿和阳光直射。

（3）用药时避开阳光，直射避免分解影响药效。

（4）药剂现用现配，不能放置时间过长，以致失去药效。

（5）家蚕、蜜蜂及其他养殖区禁用。

（二）杀菌剂

1. 武夷菌素

武夷菌素为从土分离出来的一种链霉菌配制而成的制剂。

【剂　　型】生产用武夷菌素制剂为粉剂（图68）。

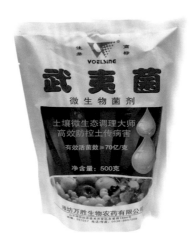

图68　武夷菌素

【作用原理】武夷菌素能抑制病原菌蛋白质的合成，抑制病原菌菌体菌丝生长、孢子形成、萌发和影响菌体细胞膜渗透性，达到控制植物病菌发育和致病作用；武夷菌素不但能够杀菌，还能调节土壤生态，促进植物生长。不但是一种杀菌剂，还是一种土壤生态肥料。

【防治对象】对苹果、桃、梨、枇杷、葡萄、猕猴桃、龙眼、荔枝等果树真菌性病害均有理想防效。如白粉病、叶霉病、流胶病、黑星病、病毒病、疮痂病、霜霉病、白腐病、苹果腐烂病、梨树腐烂病等。同时还具有一定的增产作用（图69）。

图69　武夷菌素防治对象

【使用方法】用于喷雾、浸种、拌土和灌根使用。可以作为生物菌肥施用。

【注意事项】

（1）与杀菌剂混用可提高药效；不能与强碱性农药混用。

（2）使用前需密闭保存，避免高温、潮湿和阳光直射。

（3）用药时避开阳光，直射避免分解影响药效。

2. 春雷霉素

春雷霉素可湿性粉剂是一种由小金色放线菌经过发酵处理的抗生素农药。

【剂　　型】生产用春雷霉素制剂：2%春雷霉素水剂，2%、4%、6%春雷霉素可湿性粉剂，0.4%粉剂（图70）。

【作用原理】是一种内吸性抗生素制剂，有预防和治疗作用；具有高效，持效期长，无致突变、致畸、致癌作用。

【防治对象】对苹果、桃、梨、枇杷、葡萄、猕猴桃、龙眼、荔枝等果树病害均有

图70　春雷霉素

理想防效。如黑星病、流胶病、疮痂病、穿孔病、银叶病、溃疡病等（图71）。

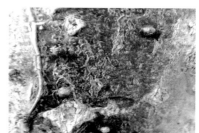

图71　春雷霉素防治对象

【使用方法】采取喷雾、喷粉方法使用。

【注意事项】

（1）连续使用产生抗药性，可与其他杀菌剂混用或交替使用。

（2）使用前需密闭保存，避免高温、潮湿和阳光直射。

（3）用药时现配现用，加入洗衣粉效果更佳。

（4）不能与碱性农药混用。

3. 多抗霉素

多抗霉素为金色链霉菌所产生的代谢产物，属于广谱性抗生素类杀菌剂。

【剂　　型】生产用多抗霉素制剂有：1.5%、3%、10%多抗霉素可湿性粉剂（图72）。

图72　多抗霉素

【作用原理】多抗霉素作用机理是干扰病菌细胞壁几丁质合成，致病菌体细胞壁不能进行正常生物合成导致病菌死亡。另外，多抗霉素具有较好的内吸传导作用，芽管和菌丝接触多抗霉素药剂后，造成局部膨大、破裂、溢出细胞内含物，失去正常发育能力，导致病菌死亡，达到抑制病菌产孢和病斑扩大的作用。

【防治对象】苹果斑点落叶病、苹果轮纹病、梨轮纹病、梨黑斑病、褐斑病、葡萄灰霉病、霜霉病等（图73）。

图73　多抗霉素防治对象

【使用方法】采取喷雾、喷粉方法使用。

【注意事项】

（1）连续使用产生抗药性，可与其他杀菌剂混用或交替使用。

（2）使用前需密闭保存，避免高温、潮湿和阳光直射。

（3）用药时现配现用，加入洗衣粉效果更佳。

（4）不能与碱性农药混用。

4. 中生菌素

中生菌素一种新型农用抗生素，属于广谱性抗生素类杀菌剂。

【剂　　型】生产用中生菌素制剂有：3%、5%、16%、53%中生菌素可湿性粉剂（图74）。

图74　中生菌素

【作用原理】中生菌素具有触杀和渗透作用，对大多数细菌性病害病原体和部分真菌性病害病原体具有很高活性。中生菌素作用机理是抑制细菌菌体蛋白质合成，致使菌体不能正常生物合成导致菌体死亡；对真菌是使丝状菌丝变形，抑制孢子萌发并能直接杀死孢子。另外，中生菌素可刺激植物体内植保素及木质素前体物质的生成，从而提高植物的抗病能力。具有预防和治疗作用。

【防治对象】苹果轮纹病、炭疽病、斑点落叶病、霉心病，桃、李细菌性穿孔病、葡萄炭疽病、黑痘病等（图75）。

图75　中生菌素防治对象

【使用方法】采取喷雾、喷粉方法使用，也可采取灌根使用。

【注意事项】

（1）不能与碱性农药混用。

（2）使用前需防潮、密闭和避光保存。

（3）用药时现配现用。

（4）用药做好保护。如不慎接触到皮肤或溅入眼睛，及时用清水清洗，必要时及时就医。

5. 农抗120

农抗120一种抗菌霉素，属于高效、广谱性抗生素类杀菌剂。

【剂　　型】生产用农抗120制剂有：2%、4%、6%农抗120水剂；8%、10%农抗120可湿性粉剂（图76）。

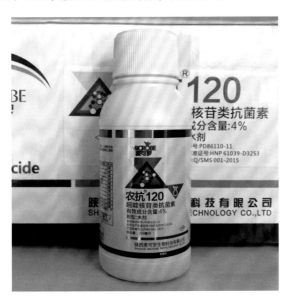

图76　农抗120

【作用原理】农抗120的活性成分为嘧啶核苷类抗菌素，具有预防保护和内吸治疗双重功效；施用农抗120后能在植物和果实表面上形成一层致密高分子保护膜，对多种病原菌有较强的抑制和阻碍作用；施用农抗120后很快被植物吸收，吸收后很快传导到植株各个部位，有效抑制病菌孢子体萌发，菌丝生长变形，内部原生质凝固，蛋白质无法形成，导致病菌的死亡，达到抗病的目的。

【防治对象】枯萎病、白粉病、白绢病、立枯病、叶斑病、锈病、炭疽病、茎腐病、根腐病等（图77）。

图77　农抗120防治对象

【使用方法】采取喷雾、灌根和涂抹方法使用。

【注意事项】

（1）不能与碱性农药混用。

（2）使用前需防潮、密闭和避光保存。

（3）用药时现配现用。

（4）用药做好保护。如不慎接触到皮肤或溅入眼睛，及时用清水清洗，必要时及时就医。

九、果园常见天敌昆虫

天敌昆虫是自然界中取食害虫或以害虫为寄主的一类有益昆虫。自然界中天敌昆虫种类很多，达1 300多种，常见的有200多种。天敌昆虫与害虫形成食物链，天敌昆虫与害虫之间相互依存又相互制约，丰富生物多样性，维护生态平衡，是生态系统的重要组成部分。天敌昆虫在控制害虫为害上发挥重要作用，但由于大部分果农对天敌昆虫控制害虫认识不到位，对天敌昆虫不了解不认识，缺乏利用天敌昆虫控制害虫意识，天敌保护意识低，大量施用广谱农药对天敌昆虫造成极大伤害，由于喷药果园内天敌昆虫种类和数量少，园内缺少自然控制害虫因素，害虫猖獗发展。果园害虫防控中要有意识地保护天敌，遵循自然法则，利用天敌昆虫控制害虫，形成自然控制态势。保护和利用天敌昆虫自然控制害虫发生和为害，能够降低农药使用量和防治成本，减少对环境污染。

天敌昆虫按取食特点不同，分为捕食性天敌昆虫和寄生性天敌昆虫两类。捕食性天敌昆虫与寄主相比个体较大。捕食性天敌昆虫主要靠捕食害虫幼虫肉体或吸食其体液摄取营养，完成自身发育过程。如虎甲、猎蝽、螳螂、瓢虫等。寄生性天敌昆虫寄生害虫幼虫、蛹和卵，并在其内生存发育。如寄生蜂、寄生蝇等。

果园中天敌昆虫种类丰富，在控制害虫上发挥重要作用。按习性分为捕食性和寄生性两大类。

（一）捕食性天敌昆虫

捕食性天敌是指以害虫成虫、幼虫、蛹或卵为食物，致死害虫的昆虫。

1. 蜻蜓

【识别特征】成虫口器发达，强大有力，为咀嚼式口器。具有一对较大的复眼，约为头部1/2，复眼由28 000多只小眼组成。具有两对同样长的膜质翅，翅窄且透明的翅；翅脉为网状，翅前缘近翅顶处一般常有翅痣。腹部细长，呈扁开或圆筒形（图78）。

图78　蜻蜓

【生活习性】蜻蜓一般在池塘或河边飞行，幼虫（稚虫）在水中发育。

【寄　　主】成虫在飞行中捕食鳞翅目、膜翅目害虫（图79）。

图79　蜻蜓防治对象

2. 中华大刀螳

【识别特征】成虫体形较大，体色为暗褐色或绿色。头三角形，复眼大且突出。前胸背板楔形，背板前部两边有明显的一排齿，后部有齿且不明显。前翅为草绿色的革质翅；后翅为扇形，黄褐色，前缘区为紫红色，全翅布有透明斑纹。前、中、后足均细长，前足发达。前足基节外缘有一列短齿，前足腿节下部外线和内线均有刺（图80）。

图80　中华大刀螳

【生活习性】1年发生1代，以卵鞘在树枝或墙壁等处越冬。5月下旬到6月下旬孵化，8月上、中旬开始出现成虫，成虫持续到9月下旬。一般在早晚出来活动取食，白天多躲藏在树冠阴凉处或杂草丛中。

【寄　　主】若虫、成虫均取食害虫。如松毛虫、杨扇舟蛾、杨毒蛾、槐尺蛾、槐羽舟蛾、榆毒蛾、柏毒蛾、舟形毛虫、豆天蛾、大青叶蝉、刺槐蚜、松大蚜、桃蚜、叶蝉、粉虱等。以及蝶、蜂等害虫的成虫（图81）。

图81　中华大刀螂防治对象

3. 广腹螳螂

【识别特征】成虫
体形较大，体色为草绿色
或褐色。头部三角形，复
眼大且发达。前胸背板菱
形。前翅与后翅等长，翅
长过腹部。前、中、后足
均细长，前足发达有力。
前足腿节、胫节较粗，为
三棱形；前足腿节有长而

图82　广腹螳螂

密的刺，胫节刺短（图82）。

【生活习性】1年发生1代，以卵鞘越冬。翌年6月下旬若虫孵化，成虫于8月上旬开始出现，8月中、下旬为羽化盛期，9月上旬全部羽化为成虫。

【寄　　主】若虫、成虫均取食害虫。捕食鳞翅目、直翅目、半翅目、鞘翅目和双翅目等很多害虫（图83）。

图83　广腹螳螂防治对象

4. 黑红赤猎蝽

【识别特征】全体黑色或黑褐至赤黑色。体长椭圆形；头、触角、足，及小盾片和身体腹面褐色至黑褐色；前翅爪片后部、革片斑黑褐色至褐黑色；前翅膜区褐黑色至黑色；前胸背板中央有纵沟和横沟形成的十字沟，近后侧角有纵沟，侧角圆形突出，后缘中部微凸。小盾片有较长，端部延伸成叉状突起（图84）。

图84 黑红赤猎蝽

【生活习性】1年发生1代，以成虫在石块下枯枝落叶内、土缝间等处越冬，越冬成虫于翌年4月中下旬出来活动并交配、产卵。昼出性，喜在植物基部和土表爬行，种群量较大。

【寄　　主】若虫、成虫均取食害虫。捕食鳞翅目、直翅目、半翅目、鞘翅目和双翅目等多种害虫（图85）。

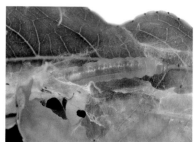
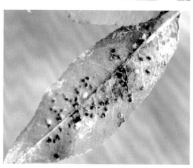

图85 黑红赤猎蝽防治对象

5. 红缘猎蝽

【识别特征】体黑色，光亮；全身有稀疏灰色细毛，头胸被白色扁毛。腹部红色，腹面两侧带黑色。前胸背板前部光滑，后部较粗糙，有深纵沟，侧角钝圆，后缘平直。前翅膜片甚大，一般超过腹部末端。腹部腹面红色，两侧具黑色斑纹（图86）。

图86　红缘猎蝽

【生活习性】白天活动取食。

【寄　　主】若虫、成虫均取食害虫。捕食鳞翅目、直翅目、半翅目、鞘翅目和双翅目等多种害虫（图87）。

图87　红缘猎蝽防治对象

6. 黄纹盗猎蝽

【识别特征】体长12.50～14毫米；宽3.40～3.60毫米，黑色。前翅革片赭黄色，膜片基部黑色。被革片黄色部几乎完全包围，使呈1个大黑点。外室大而深黑，末端黄褐色。头短，前部长于后部。触角第1节短于头前部。前胸背板横沟深，前叶长于后叶，具中纵沟。两侧具细斜沟。前角略向外突；后叶光滑无中纵沟。喙第1节短于第2节，不达眼前缘。前足腿节粗大，胫节海绵窝略超过节长的一半。中足海绵窝约为胫节长的1/3（图88）。

图88　黄纹盗猎蝽

【生活习性】白天活动取食。

【寄　　主】若虫、成虫均取食害虫。捕食鳞翅目、直翅目、半翅目、鞘翅目和双翅目等多种害虫（图89）。

图89　黄纹盗猎蝽防治对象

7. 云纹虎甲

【识别特征】成虫体长10毫米左右。体暗绿色，具铜色光泽。复眼大而突出，两复眼间凹陷。前胸背板具铜绿光泽，圆筒形，背板近前、后缘各有1条中间弯曲的横沟，中央有1条纵沟相连。鞘翅暗赤铜色，具深绿色刻点，翅肩上有"C"字形纹、中央为"S"形纹、翅端具"V"字纹，3条纹线均为乳白色（图90）。

【生活习性】2~3年1代。成虫产

图90　云纹虎甲

卵于土中，幼虫生活在土穴内，捕食土壤中生活或越夏越冬昆虫。

【寄　　主】主要捕食鳞翅目害虫。如地老虎类、黏虫等（图91）。

图91　云纹虎甲防治对象

8. 星斑虎甲

【识别特征】成虫体长9毫米左右，体形长形。体及足墨绿色；头、胸部具铜色光泽；腹面黑色具绿色光泽。每鞘翅有4个黄白色的斑纹，鞘翅斑纹常有变化，肩斑和中前斑有时变小或消失，中后斑多向后方延伸呈稍弯曲的斜带（图92）。

【生活习性】2～3年1代。成虫产卵于土中，幼虫生活在土穴内，捕食土壤中生活或越夏越冬昆虫。

【寄　　主】主要捕食鳞翅目害虫（图93）。

图92　星斑虎甲

图93　星斑虎甲防治对象

9. 月斑虎甲

【识别特征】成虫体长14～15毫米；体宽5～6毫米。体形较宽，体背黑色，腹面、胸部两侧密被白毛。头部中颊区密被白毛。前胸背板两侧密布白毛。鞘翅上斑纹浅黄色或浅褐色，肩斑和端斑呈新月形，中部2对斑略呈圆形，在1/2和端部2/3处，前一对与缘斑相连，后一对独立（图94）。

图94　月斑虎甲

【生活习性】2～3年1代。成虫产卵于土中，幼虫生活在土穴内，捕食土壤中生活或越夏越冬昆虫。

【寄　　主】主要捕食鳞翅目害虫（图95）。

图95　月斑虎甲防治对象

10. 芽斑虎甲

【识别特征】成虫体长16毫米左右。头、胸铜褐色，鞘翅深绿色，体刻点内呈绿色金属光泽。胸部前、后缘内凹。每个鞘翅具4个淡黄色斑点，其中翅基部有1个芽状小斑，第2个斑较第1个斑大，第3个斑呈波浪纹状，第4个斑位于鞘翅端部，呈逗号形（图96）。

图96　芽斑虎甲

【生活习性】成虫常见于在路边。

【寄　　主】主要捕食多种害虫（图97）。

图97　芽斑虎甲防治对象

11. 中华虎甲

【识别特征】成虫体长20毫米左右。身体具金属光泽。复眼大且突出。头、前胸背板前缘为绿色，背板中部红铜色。鞘翅底色铜色，每个鞘翅基部2个深蓝色斑，中后部具深蓝色的大型斑1个，蓝色斑具1个白色横形斑和1个白色近圆形斑。前、中足的腿节中部呈红色（图98）。

图98　中华虎甲

【生活习性】成虫飞翔力强，常在山涧小路上的行人面前迎飞，故得名"引路虫"。

【寄　　主】主要捕食多种害虫。如蝶、蛾、蜂等害虫的成虫（图99）。

图99 中华虎甲防治对象

12. 绿步甲

【识别特征】成虫体长30毫米左右。体背具金属光泽，色泽较艳。前胸背板暗铜色，侧缘弧形，端部钝突。鞘翅金绿色，瘤突黑色；体腹面略带蓝色光泽。足黑色（图100）。

图100　绿步甲

【生活习性】成虫出现于夏、秋季。

【寄　　主】主要捕食鳞翅目害虫。如地老虎类、舟蛾、黏虫等（图101）。

图101　绿步甲防治对象

13. 麻步甲

【识别特征】成虫体长20毫米左右。体黑色或蓝黑色，前胸背板侧缘弧形上翻。小盾板三角形。鞘翅密布大小瘤突（图102）。

【生活习性】成虫出现于夏、秋季。

【寄　　主】主要捕食鳞翅目害虫（图103）。

图102　麻步甲

图103　麻步甲防治对象

14. 黄宽额步甲

【识别特征】成虫体长10毫米左右。体深黄色具金属光泽。复眼突出，浅黑色。前胸背板后角钝。鞘翅具光泽，具浅纵沟，鞘翅近长方形（图104）。

图104　黄宽额步甲

【生活习性】1年发生2代，以成虫在土内越冬。第一代幼虫在5月中旬至6月上旬出现，第1代幼虫在7月上旬至7月下旬出现。成虫怕光，初羽化时在原处静止不动，约1小时后爬至叶背或进入土中隐藏，夜间再爬出取食。

【寄　　主】主要捕食鳞翅目害虫。如地老虎类、舟蛾、毒蛾、黏虫等（图105）。

图105　黄宽额步甲防治对象

15. 黄斑青步甲

【识别特征】体长15毫米左右。体铜绿色，头部及前胸背板均有绿色的金属光泽；头部具小刻点，触角基部、足为黄褐色；前胸背板盾形，前胸背板上的刻点粗而密；鞘翅近端部3/4处有1葫芦形黄斑（图106）。

【生活习性】成虫具有趋光性，6—8月为成虫活动期。

【寄　　主】主要捕食鳞翅目害虫（图107）。

图106　黄斑青步甲

图107　黄斑青步甲防治对象

16. 黄缘青步甲

【识别特征】体长17
毫米。头、前胸背板和鞘
翅为绿色，带金属光泽，
鞘翅边缘为黄色；前胸背
板侧缘突出明显，最突出
部分在前部1/3处，中沟和
两侧沟较深。触角、足为
黄褐色（图108）。

【生活习性】成虫具
有趋光性，7—9月为成虫

图108　黄缘青步甲

活动期。

【寄　　主】主要捕食鳞翅目害虫（图109）。

图109　黄缘青步甲防治对象

17. 蠋步甲

【识别特征】成虫体长19毫米左右。体黑色。触角基部3节、足的腿节和胫节黄褐色。触角其余部分为棕红色。前胸背板侧缘棕红色，前胸背板长宽约等长，近方形，背板中部拱起，色泽亮无刻点；中纵沟细，后侧缘沟深，后侧缘密布刻点。鞘翅背面黑色，中部有一大的棕红色斑纹。每鞘翅有9条具刻点条沟（图110）。

图110　蝎步甲

【生活习性】成虫具有趋光性，7—9月为成虫活动期。

【寄　　主】主要捕食鳞翅目害虫（图111）。

图111　蝎步甲防治对象

18. 毛娄步甲

【识别特征】成虫体长9～11.6毫米，宽3.5～4.5毫米。头、前胸背板有光泽、前胸基部、鞘翅前部被淡黄色毛。一般为黑色，腹面褐黄，鞘翅棕黄或棕褐，触角、前胸背板基缘、两侧缘和足均为棕黄色。前胸背板宽大于长，两侧缘在前部稍膨出，前角圆形，后角大于直角，中纵沟较细，基部之前消失，两侧基凹浅。鞘翅有9条沟，行间平坦，密被刻点（图112）。

图112 毛娄步甲

【生活习性】成虫具有趋光性，7—9月为成虫活动期。

【寄　主】主要捕食鳞翅目和半翅目害虫（图113）。

图113 毛娄步甲防治对象

19. 巨蝼步甲

【识别特征】体长40毫米。黑
色，腹面和足棕黑色。头和前胸背板
近等宽；头部表面有皱；前胸背板
宽大，近六边形，两侧缘近平行，
表面光洁。小盾片位于中胸形成的
颈上，不和鞘翅相连。鞘翅长方，
两侧缘近平行，条沟细，行距平坦
（图114）。

【生活习性】平时躲在土层中
灯下也能见到。

图114　巨蝼步甲

【寄　　主】主要捕食鳞翅目
害虫（图115）。

图115　巨蝼步甲防治对象

20. 巨胸暗步甲

【识别特征】体长18.0～22.0毫米，体宽7.5～8.0毫米。黑色，触角棕黄色。头顶稍隆，光洁无刻点和毛；眼大而突出；额沟宽短，略深；触角短，自第4节起密被绒毛。前胸背板横方，宽约为长的1.5倍；前缘稍凹，后缘平直；侧缘弧形膨出，最宽处在中部略前，侧边狭，侧沟具1根刚毛，沟内刻点细小；后角直角，角端稍钝；盘区隆，近前缘处具刻点，近前角处刻点稍密；中线略深，几达前缘；基凹深，接近后角，凹外部有隆脊；基部密被刻点。鞘翅两侧近平行，条沟深，沟内有刻点，行距平坦，无毛和刻点（图116）。

图116 巨胸暗步甲

【生活习性】成虫具有趋光性，7—9月为成虫活动期。

【寄　　主】主要捕食鳞翅目害虫、蚜虫（图117）。

图117 巨胸暗步甲防治对象

21. 刻步甲

【识别特征】体
长20～25毫米。体背黑
色或棕黑色。头顶有刻
点及皱；上颚前端近
钩状，基部有开叉齿。
前胸背板略呈方形，宽
大于长，密布细刻点；
前缘近等于基缘，侧
缘弧形，最宽处在中

图118 刻步甲

部；前角圆，后角钝。鞘翅卵形，密布整齐小颗粒，形成颗粒行（图118）。

【生活习性】成虫具有趋光性，7—9月为成虫活动期。

【寄　　主】主要捕食鳞翅目害虫（图119）。

图119　刻步甲防治对象

22. 梭毒隐翅虫

【识别特征】体长7毫米左右；头、中后胸及腹部第5节后黑色，触角基部、胸部和腹部前四节为黄褐色，具金属光泽。前胸背板长大于宽。鞘翅蓝青色，有光泽，坚硬且密布粗刻点；后翅膜质，折叠隐藏

图120　梭毒隐翅虫

在前翅下面（图120）。

【生活习性】一般在比较潮湿地方生活。

【寄　　主】成虫捕食多种昆虫，如飞虱、叶蝉、蚜虫、蓟马、椿象和红蜘蛛等。梭毒隐翅虫是非常重要的天敌昆虫。

注：隐翅虫体液毒素毒性较大，接触到皮肤后起水疱，引起隐翅虫皮炎。因水疱中的液体也能引起感染，切忌搔抓引起继发感染。隐翅虫不会咬人，如不慎接触它的体液，应尽快用肥皂水冲洗，不要抓破水疱，一般1~2周后自愈（图121）。

图121　梭毒隐翅虫防治对象

23. 花绒穴甲

【识别特征】成虫体长5~10毫米。体深褐色，体形较扁。头

部缩入胸内。头和前胸密布小
刻点。前胸背板两侧缘弧形，
中线光滑隆起，中线两侧各有
2列褐色鳞片形成的隆脊。鞘
翅坚硬，表面有4条明显的纵
脊，每个鞘翅上有3个褐色鳞
片斑（图122）。

图122 花绒穴甲

【生活习性】1年发生1~2代，以成虫越冬，翌年4月越冬成
虫开始取食，并交尾产卵。5月上旬第一代幼虫开始寄生，6月中
旬为寄生高峰期。7月中、下旬为第二代寄生高峰期。

【寄   主】成虫寄生鞘翅目多种昆虫，如光肩星天牛、桑
天牛、桃红颈天牛、锈色粒肩天牛和吉丁虫。也包括蝶、蛾、蜂
等害虫的成虫（图123）。

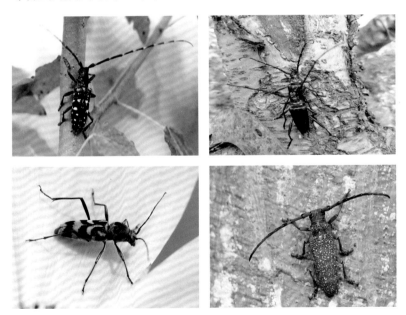

图123 花绒穴甲防治对象

24. 七星瓢虫

【识别特征】成虫体长5毫米左右。体卵圆形，背部拱起明显。头、前胸背板和小盾片黑色。前胸背板前上角有1个近方形黄白色斑。小盾片两侧有一个白色的三角形斑。鞘翅红色或橙黄色，两侧共有7个黑斑，斑变化较大，或鞘翅全黑。幼虫共4龄，变化较明显，其中4龄幼虫体长11毫米左右，体灰黑色。前胸背板前、后侧角有橘黄色斑。腹部第1、第4节两侧刺疣为橘黄色，其余刺疣黑色（图124）。

图124　七星瓢虫

【生活习性】1年发生多代。以成虫过冬，次年4月出蛰。产卵于有蚜虫的植物寄主上。

【寄　　主】成虫和幼虫均取食多种蚜虫、木虱等（图125）。

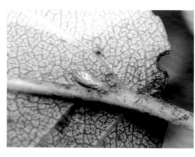
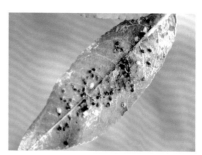

图125　七星瓢虫防治对象

25、异色瓢虫

【识别特征】成虫体长5.4~8mm。体卵圆形，肩部有一突出拱起。头部橙黄色、橙红色或黑色等多种颜色。前胸背板浅色，有4个黑斑组成"M"形；小盾片橙黄色或黑色。鞘翅颜色和斑数量变化较大，鞘翅有淡黄、棕色、红色等；斑颜色为黑色，数量有无斑、2、4、6、8、10、12、14、16、18等多种。若虫体长11毫米。前胸背板侧缘和后缘有1列刺；中、后胸背面中线两侧有2列二分叉的短刺，背侧缘有1个五分叉短刺，两侧下有1不分叉短刺。腹部第1~5节背部侧面有橘黄色短刺，第1、第4、第5节背部中央有橘黄色短刺（图126）。

图126 异色瓢虫

【生活习性】1年发生8代。以成虫呈休眠状态越冬。翌年4月出蛰。产卵于有蚜虫的植物寄主上。

【寄　主】成虫和幼虫均取食多种蚜虫、木虱、蚧虫、叶甲幼虫和鳞翅目幼虫等（图127）。

图127　异色瓢虫防治对象

26. 黑缘红瓢虫

【识别特征】成虫体长5毫米左右。体近圆形，体背明显拱起，体背无毛光滑。头部、前胸背板和小盾片黑色。鞘翅枣红色，周缘黑色；鞘肩角前有1凹陷。幼虫体长9毫米左右。体椭圆形，背部较明显拱起。体黄色，全身着黑褐色枝刺，枝刺顶端小枝均着生白色长毛（图128）。

图128　黑缘红瓢虫

【生活习性】1年发生1代。以成虫在树干缝隙、枯枝落叶中和石块下休眠状态越冬。

【寄　　主】成虫和幼虫均取食多种蚧虫，如扁平球坚蚧、白蜡蚧、桑白蚧、柿绒蚧、朝鲜球坚蚧、桃球坚蚧等，也取食蚜虫（图129）。

图129　黑缘红瓢虫防治对象

27.龟纹瓢虫

【识别特征】体长4毫米左右。体颜色和斑纹变化较大；大部分为翅鞘上具龟纹状黑色斑；鞘翅上无龟纹斑的除鞘翅接缝处有黑线外，全为单纯橙色；另外，尚有四黑斑型、前二黑斑型、后二黑斑型等不同的变化（图130）。

【生活习性】1年发生多代。以成虫在树干缝隙、枯枝落叶中和石块下休眠状态越冬。

【寄　　主】成虫和幼虫均取食多种蚧虫、蚜虫和飞虱等（图131）。

图130　龟纹瓢虫

图131　龟纹瓢虫防治对象

28. 黄斑盘瓢虫

【识别特征】成虫体长5～7毫米；宽4～6毫米。虫体半球形，体背拱起，无毛。头部、前胸背板黑色，前胸背板前缘色浅，较窄。前胸背板两侧各具1黄折色长圆形大斑。鞘翅黑色。在每一鞘翅的近中央有1近圆形的橙红色斑。腹部中央黑色，外缘橙红色；缘折外缘黑色（图132）。

图132　黄斑盘瓢虫

【生活习性】1年发生3～4代。以成虫在树干缝隙、枯枝落叶中和石块下休眠状态越冬。

【寄　　主】成虫和幼虫均取食多种蚧虫、木虱等，如紫薇绒蚧、日本龟蜡蚧、桑白蚧、柿绒蚧、朝鲜球坚蚧、白粉虱等，也取食蚜虫（图133）。

图133 黄斑盘瓢虫防治对象

29. 双带盘瓢虫

【识别特征】体长5~6.5毫米，体宽4~6毫米。体半球形，体背拱起。头、前胸背板、鞘翅黑色。头部黑色在复眼侧有窄长的黄斑。前胸背板缘折前部内则有1个明显的圆形凹陷，两侧各有1个大型浅黄色斑，由前角伸达后角或伸达中部；前缘具浅黄色带与两斑相连。小盾片黑色。每1个鞘翅的中央各有1个横置的红黄色斑，

图134 双带盘瓢虫

外端略前于内端，前缘有2～3个波状纹（图134）。

【生活习性】1年发生3～4代。以成虫在树干缝隙、枯枝落叶中和石块下休眠状态越冬。

【寄　　主】成虫和幼虫均取食多种蚜虫、木虱和叶蝉，如桃蚜、梨木虱、小绿叶蝉等（图135）。

图135　双带盘瓢虫防治对象

30. 红点唇瓢虫

【识别特征】成虫体长4毫米左右。体近圆形，体背拱起。头、前胸背板、小盾片和鞘翅均为黑色。鞘翅有1个橙红色的近圆形斑。幼虫全体橙红色，体背有6列黑色刺毛（图136）。

【生活习性】1年发生3～4代。以成虫在树干缝隙、枯枝落叶中和石块下休眠状态越冬。

【寄　　主】成虫和幼虫均取食多种蚧虫，如紫薇绒蚧、扁平球坚蚧、日本龟蜡蚧、白蜡蚧、桑白蚧、柿绒蚧、朝鲜球坚蚧、桃球坚蚧等，也取食蚜虫和鳞翅目幼虫（图137）。

图136　红点唇瓢虫

图137　红点唇瓢虫防治对象

31. 草蛉

【识别特征】成虫体长约10毫米。体细长，草绿色。具较宽的透明翅。幼虫体长达12毫米，体长纺锤形。头部有3块大黑斑。体两侧有白色突疣，突疣上着生褐色长刺（图138）。

图138　草蛉

【生活习性】1年可发生3代，以老熟幼虫在茧内越冬。

【寄　　主】幼虫捕食棉蚜、桃蚜、麦蚜等多种蚜虫以及棉铃虫的卵和小幼虫等（图139）。

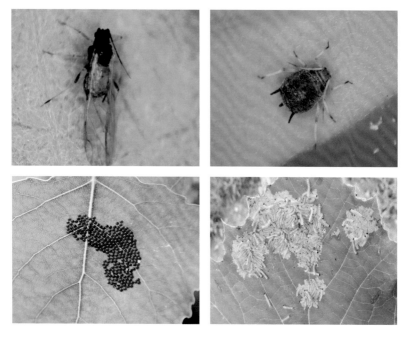

图139　草蛉防治对象

32. 大灰食蚜蝇

【识别特征】成虫体长9～10毫米。头部大部棕黄色。中胸背板暗绿色。小盾片棕黄色，上着生棕黄色毛。腹部第2～4背板各有大黄斑1对，斑达背板侧缘。雄性第3、第4背板2黄斑中间相连接，雌性第3、第4背板黄斑完全分开；雄虫第4、第5背板后缘黄色，第5背板大部黄色，露尾节大，亮黑色，雌虫第5背板大部黑色。翅透明（图140）。

【生活习性】成虫常于花上飞行，幼虫取食蚜虫。

【寄　　主】幼虫捕食棉蚜、桃蚜、麦蚜等多种蚜虫（图141）。

图140 大灰食蚜蝇

图141 大灰食蚜蝇防治对象

33. 黑带食蚜蝇

【识别特征】成虫体长7~11毫米。雄虫头黑色，被黑色短毛；雌虫头黑色，覆黄粉，被棕黄毛。雄虫腹部第5节背片近端部有一长短不定的黑横带，其中央可前伸或与近基部的黑斑相连。雌虫第3节背面黑色。中胸背板绿黑色，具4条灰黑色纵带。腹部背面大部黄色，第2~4节后端有1黑色横带，近基部有1细黑色横带。第4节后缘黄色，第5节全黄色或中央有1黑斑（图142）。

图142　黑带食蚜蝇

【生活习性】1年发生5代，以成虫越冬。

【寄　　主】幼虫捕食多种蚜虫、蚧虫和木虱等（图143）。

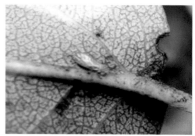

图143　黑带食蚜蝇防治对象

34. 蜘蛛

　　自然环境中生存着许多捕食害虫的蜘蛛，它们捕食害虫成虫、幼虫或蛹。如中华宋纺蛛、大腹圆蛛、异囊地蛛、棒络新妇、络新妇、跳蛛、猫卷叶蛛、叉斑齿螯蛛、横纹金蛛、角类肥蛛等（图144）。

图144　蜘蛛

蜘蛛能够控制多种害虫，是自然界中害虫主要天敌。如蛾类、蚜虫、叶蝉、叶蜂等害虫的成虫、幼虫、卵和蛹，能够对害虫的4个虫态均形成有效控制（图145）。

图145　蜘蛛防治对象

35. 捕食螨

捕食螨包括许多种，是所有对植物有害的害螨为食的益螨总称。包括中华甲虫捕螨、胡瓜钝绥螨、智利小植绥螨、瑞氏钝绥螨、长毛钝绥螨、巴氏钝绥螨、加州钝绥螨、尼氏钝绥螨、纽氏钝绥螨、德氏钝绥螨和拟长毛钝

图146　人工繁殖捕食螨产品

绥螨等。自然界捕食螨种类多达45种，人工繁殖用于释放的捕食螨为胡瓜钝绥螨（图146）。

捕食螨能够取食多种红蜘蛛、壁虱等。

36. 蚂蚁

蚂蚁能够捕食鳞翅目、半翅目的多种害虫的卵、幼虫和蛹，能够捕食的虫态比较多。如尺蛾科、舟蛾科、灯蛾科，及蚜虫、蚧虫和木虱等。蚂蚁数量大，在自然环境当中能够对害虫起到很好的控制作用（图147）。

图147 蚂蚁防治对象

（二）寄生性天敌昆虫

寄生性天敌昆虫是指寄生在害虫幼虫、蛹或卵中，以幼虫、蛹或卵内物质为食物繁殖，致死害虫的天敌昆虫。

1. 赤眼蜂

【识别特征】成虫体长0.3～1.0毫米，单眼复眼均为红色黄色或黄褐色。

赤眼蜂有玉米螟赤眼蜂、松毛虫赤眼蜂、螟黄赤眼蜂、铁岭赤眼蜂等多种。它靠触角上的嗅觉器观寻找寄主。先用触角点触寄主，用腹部末端的产卵器向寄主体内探钻，把卵产在其中。人工繁殖用于防治的赤眼蜂为螟黄赤眼蜂（图148）。

图148　赤眼蜂卵卡

【生活习性】1年发生几十代，以老熟幼虫或预蛹在寄主卵内越冬。

【寄　　主】赤眼蜂可寄生夜蛾科、天蛾科、灯蛾科、卷蛾科、螟蛾科和毒蛾科等害虫（图149）。

图149 赤眼蜂防治对象

2. 舞毒蛾黑瘤姬蜂

【识别特征】成虫体长9～18毫
米。体形较长，体黑色。胸部隆起且
大，腹部长且扁平，中胸盾片隆起，密
布刻点，无盾纵沟；前、中、后足腿节
赤黄色；翅基色黄色；翅脉和翅痣黑褐
色，翅痣两端角黄色。鞘黑色。腹部
无柄，第2背板有自两侧角伸向中央的
细脊。产卵器伸出部分比腹长1/2稍短
（图150）。

图150 舞毒蛾黑瘤姬蜂

【生活习性】1年发生4～5代，以幼虫在寄主内越冬。

【寄　　主】寄生夜蛾科、舟蛾科、天蛾科、灯蛾科、卷蛾科、螟蛾科和毒蛾科等害虫。如寄主有松毛虫、舞毒蛾、天幕毛虫、樗蚕、丝棉木金星尺蠖、杨扇舟蛾、臭椿皮蛾、梨星毛虫、黄斑长翅卷蛾、褐卷蛾、枣镰翅小卷蛾、美国白蛾、桃蛀野螟、金凤蝶、云杉黄卷蛾、冷杉银卷蛾、梨小食心虫等（图151）。

图151　舞毒蛾黑瘤姬蜂防治对象

3. 周氏啮小蜂

【识别特征】体长1.1～1.5毫米。红褐色稍带光泽，头部、前胸及腹部色较深成黑褐色，胸腹节、腹柄节及腹部第1节色淡为黄褐色；触角褐黄色；胸部侧板、腹板浅红褐色带黄色；翅透明。腹部圆形，背面有不同程度塌陷。周氏啮小蜂已人工大量繁殖和使用（图152）。

【生活习性】1年发生5~7代，以幼虫在寄主内越冬。

【寄　　主】寄生舟蛾科、袋蛾科、灯蛾科、卷蛾科、螟蛾科和毒蛾科等害虫（图153）。

图152　人工繁殖周氏啮小蜂

图153　周氏啮小蜂防治对象

119

4. 广大腿小蜂

【识别特征】雌蜂体长5.0～7.0毫米。体黑色。头、胸和小盾片上均具刻点，胸部刻点粗大圆。翅基片淡黄色或黄白色，基部红褐色。各足基节、腿节黑色，端部黄色；前、中足胫节黄色，后足胫节腹面黑色。后足腿节强大，端部前内侧具7个突起（图154）。

图154　广大腿小蜂

【生活习性】发生代数不详，寄主体内越冬。

【寄　　主】寄生舟蛾科、袋蛾科、灯蛾科、卷蛾科、螟蛾科和毒蛾科等害虫（图155）。

图155　广大腿小蜂防治对象

5. 管氏肿腿蜂

【识别特征】雌蜂体长3~4毫米，分无翅和有翅两型。体黑色，腹部长椭圆形；头、中胸、腹部及腿节膨大部分为黑色，后胸为深黄褐色；触角黄褐色；头扁平，长椭圆形；前胸比头部稍长，后胸渐变窄；前足腿节膨大呈纺锤形。雄蜂体长2~3毫米，亦分有翅和无翅两型，体色黑，腹部长椭圆形，腹末钝圆（图156）。

图156　管氏肿腿蜂

【生活习性】1年发生5~6代，以成蜂在寄主虫道内越冬。

【寄　　主】成虫寄生鞘翅目多种昆虫，如光肩星天牛、桑天牛、桃红颈天牛、锈色粒肩天牛和吉丁虫等（图157）。

图157　管氏肿腿蜂防治对象

6. 平庸赘寄蝇

【识别特征】成虫体长6～9毫米。复眼裸；头顶及侧额着黄色粉，其他部分灰色；触角黑色，第3节为第2节长度的2.2～2.5倍；下颚须棕黑色，末端略黄。胸部暗黑，覆灰黄色粉被；小盾片暗黄。翅灰色透明。腹部黑色，两侧无黄斑，第3至第5背板基部2/5～1/2覆灰黄色或黄色粉被（图158）。

图158　平庸赘寄蝇

【生活习性】1年发生3～4代，以幼虫在寄主内越冬。

【寄　　主】寄生夜蛾科、舟蛾科、尺蛾科、天蛾科、灯蛾科、卷蛾科、螟蛾科和毒蛾科等害虫（图159）。

图159　平庸赘寄蝇防治对象

7. 条纹追寄蝇

【识别特征】成虫体长10～15毫米。体黑色；复眼裸；触角黑色；胸部黑色，覆稀薄灰白粉被，背面有5条黑色纵条，中间1条不明显或在盾沟前消失；小盾片暗黄；腹部黑色，第3至第5背板基部2/3覆灰白色粉被，沿背中线有1条黑色纵条。足黑色；翅灰色半透明（图160）。

图160 条纹追寄蝇

【生活习性】1年发生2～3代，以成虫或蛹在土中越冬。

【寄　　主】寄生夜蛾科、舟蛾科、枯叶蛾科、灯蛾科、卷蛾科、螟蛾科和毒蛾科等害虫（图161）。

图161 条纹追寄蝇防治对象

附录1　常用农药及防治对象

农药类型	学名	常用商品名	防治机理	防治对象
杀虫剂	印楝素		胃毒和内吸两种作用	对鳞翅目害虫具有好的效果
	烟碱		触杀和渗透两种作用	对鳞翅目、半翅目、缨翅目、双翅目等多种害虫有效
	除虫菊素		触杀、胃毒和驱避三种作用	对鳞翅目、半翅目、鞘翅目、双翅目等有效
	苦参碱		触杀和胃毒两种作用	对鳞翅目、半翅目，及螨有效
	鱼藤酮		触杀和胃毒两种作用	对鳞翅目、半翅目，及螨有效
	藜芦碱		触杀和胃毒两种作用	对鳞翅目、半翅目有效
	小檗碱		触杀和胃毒两种作用	对鳞翅目、半翅目有效
	苦皮藤素		触杀和胃毒两种作用	对鳞翅目、半翅目有效
	松脂酸钠		触杀作用	对蚜虫等半翅目，及螨有效
	阿维菌素	爱福丁、虫螨光、虫螨杀星	触杀、胃毒，强渗透三种作用	对鳞翅目、半翅目，及螨有效

农药类型	学名	常用商品名	防治机理	防治对象
杀虫剂	甲维盐		触杀、胃毒，强渗透三种作用	对鳞翅目、半翅目，及螨有效
	多杀霉素		触杀、胃毒，强渗透三种作用	对鳞翅目、半翅目，及螨有效
	灭幼脲		胃毒作用	对鳞翅目有效
	除虫脲	敌灭灵	胃毒作用	对鳞翅目幼虫、卵有效
	杀铃脲		胃毒作用，一定触杀作用	对鳞翅目、双翅目有效
	氟铃脲	盖虫散	胃毒作用，具较强杀卵活性	对鞘翅目、鳞翅目、双翅目、半翅目等有效
	氟啶脲		胃毒、触杀两种作用	对鳞翅目、半翅目，及螨有效
	丁醚脲		触杀、胃毒、内吸和熏蒸四种作用	对螨类特效
	虱螨脲		胃毒作用，具较强杀卵活性	对鞘翅目、鳞翅目、双翅目、半翅目等有效
	灭蝇胺		胃毒、触杀，强内吸三种作用	对蝇类特效
	噻嗪酮	扑虱灵、优乐得、壳虱	触杀、胃毒，一定的内吸传导作用	对叶蝉、粉虱、蚧虫等半翅目害虫有效
	吡丙醚	蚊蝇醚	胃毒作用	对鳞翅目、双翅目、半翅目等有效

（续表）

农药类型	学名	常用商品名	防治机理	防治对象
杀虫剂	吡虫啉	一遍净、康复多、蚜虱净	具急性触杀和胃毒作用，内吸作用	对蚜虫、介壳虫等半翅目有效
	啶虫脒		具触杀、胃毒，强渗透性三种作用	对蚜虫、粉虱等半翅目有效
	噻虫嗪	阿克泰	具触杀、胃毒，强内吸性三种作用	对蚜虫、粉虱等半翅目有效
	杀虫双		具胃毒、触杀两种作用	对鳞翅目有效
	杀虫单		胃毒、触杀，内吸三种作用	对鳞翅目有效
	杀螟丹		胃毒、触杀两种作用	对鳞翅目、双翅目、半翅目等有效
	虫酰肼	双击	胃毒、触杀两种作用	对鳞翅目有效
	矿物油	绿颖	触杀作用	对鞘翅目、鳞翅目、双翅目、半翅目等有效
	氟虫腈		胃毒为主，兼触杀和内吸作用	对鞘翅目、鳞翅目、双翅目、半翅目等有效
	虫螨腈	除尽、专攻、溴虫腈	胃毒、触杀作用，渗透、内吸性较强	对鞘翅目、鳞翅目、双翅目、半翅目，螨等有效
	抗蚜威		触杀作用	对半翅目特效
	吡蚜酮		触杀作用，较好内吸性	对半翅目特效
	茚虫威		胃毒、触杀两种作用	对鳞翅目有效

（续表）

农药类型	学名	常用商品名	防治机理	防治对象
杀虫剂	噻虫啉		内吸胃毒作用	对半翅目、鞘翅目有效
	苯氧威	双氧威、苯醚威	胃毒、触杀两种作用	对鳞翅目、半翅目有效
	联苯菊酯	天王星、虫螨灵	具有很强的触杀和胃毒作用，击倒作用强	对鞘翅目、鳞翅目、双翅目、半翅目等有效
	溴氯菊酯	敌杀死	触杀作用	对鳞翅目、半翅目有效
	氯氰菊酯	安绿宝、赛波凯	有强烈的触杀、胃毒，并有拒食杀卵作用	对鳞翅目、半翅目有效
	甲氰菊酯	灭扫利	具触杀作用	对鳞翅目、半翅目有效
	三氟氯氰菊酯	功夫	具触杀、胃毒和忌避三种作用	对鳞翅目、半翅目有效
	杀灭菊酯	速灭杀丁	具触杀、胃毒两种作用	对鳞翅目有效
	多来宝		胃毒、触杀、内吸三种作用	对鳞翅目有效
	稻丰散		具触杀、胃毒和强渗透三种作用	对鳞翅目、半翅目有效
	毒死蜱		具触杀、胃毒、熏蒸三种作用	对鳞翅目、半翅目有效
	辛硫磷		具有触杀和胃毒作用	对鞘翅目、鳞翅目等有效

（续表）

农药类型	学名	常用商品名	防治机理	防治对象
杀虫剂	速灭威		具触杀和熏蒸作用，击倒作用强	对半翅目、双翅目有效
	克百威	呋喃丹	具有内吸、触杀和胃毒三种作用	对鞘翅目、鳞翅目、双翅目、半翅目等有效
	涕灭威	神农丹、铁灭克	具有内吸、触杀和胃毒三种作用	对鞘翅目、鳞翅目、双翅目、半翅目等有效
杀螨剂	石硫合剂		具触杀作用	对半翅目、螨有效
	阿维菌素	爱福丁、虫螨光、虫螨杀星	触杀、胃毒，强渗透三种作用	对鳞翅目、半翅目，及螨有效
	炔螨矿物油		具触杀、胃毒两种作用	对螨效果明显
	三唑锡		具触杀作用	对螨效果明显
	联苯菊酯	天王星，虫螨灵	具触杀和胃毒作用，击倒作用强	对鞘翅目、鳞翅目、双翅目、半翅目等有效
	双甲脒		具触杀、胃毒两种作用	对鞘翅目、鳞翅目、双翅目、半翅目等有效
	哒螨灵	哒螨酮、扫螨净、杀螨灵	具触杀作用	对卵、若螨和成螨均有效果

（续表）

农药类型	学名	常用商品名	防治机理	防治对象
杀螨剂	三唑锡	倍乐霸、螨无踪、三唑环锡	具触杀作用	适用于叶螨、锈螨的防治
	炔螨特	克螨特、灭螨净、果满园	具有触杀和胃毒作用	适用于叶螨、锈螨的防治
	四螨嗪	螨死净、阿波罗	具触杀作用	适用于叶螨、锈螨的防治
	螺螨酯	螨危	具触杀和胃毒作用	适用于叶螨、锈螨的防治
	噻螨酮	尼索朗、除螨威	具触杀作用，内吸作用	对卵、若螨和成螨均有效果
	苯丁锡	托尔克、克螨锡	具触杀作用	适用于叶螨、锈螨的防治
杀菌剂	波尔多液		保护性杀菌剂抵制菌发展	霜霉病、早期落叶病、炭疽病、轮纹病，霜霉病等
	喹啉铜		治疗和保护性杀菌剂有内吸作用真菌、细菌兼治	穿孔病、角斑病、青枯病、立枯病、溃疡病、软腐病，霜霉病、疫病等
	石硫合剂		治疗性杀菌剂有内吸作用	锈病、白粉病、黑斑病、轮纹病等

（续表）

农药类型	学名	常用商品名	防治机理	防治对象
杀菌剂	香菇多糖		治疗性杀菌剂	多种花叶病
	几丁聚糖		广谱性杀菌剂，真菌、病毒兼治	白粉病、霜霉病、病毒病、褐斑病和枯萎病，及花叶病等
	武夷菌素		广谱性杀菌剂，真菌、病毒兼治	白粉病、叶霉病、流胶病、黑星病、病毒病、疮痂病
	嘧啶核苷类抗菌素	农抗120、抗菌霉素	广谱性杀菌剂	枯萎、白粉、白绢、立枯病、纹枯、茎枯、锈粉、叶斑、炭疽、茎腐、根腐病等
	多抗霉素		内吸性杀菌剂	灰斑病、白粉病、霜霉病等
	井冈霉素		内吸性抗生素	黑星病、锈病、白粉病、黑斑病、轮纹病等
	春雷霉素		广谱性杀菌剂	黑星病、锈病、白粉病、黑斑病、轮纹病等
	小檗碱		广谱性杀菌剂，真菌、病毒兼治	枯萎、白粉、白绢、立枯病、纹枯、茎枯、锈粉、叶斑、炭疽、茎腐、根腐病等

（续表）

农药类型	学名	常用商品名	防治机理	防治对象
杀菌剂	乙蒜素		内吸性，治疗、保护杀菌剂真菌、细菌、病毒兼治	枯萎、白粉、白绢、立枯病、纹枯、茎枯、锈粉、叶斑、炭疽、茎腐、根腐病等
	代森锰锌	大生M－45	保护性广谱杀菌剂	枯萎、白粉、纹枯、茎枯、锈粉、叶斑、炭疽、茎腐、根腐病等
	代森铵		具有渗透、保护、治疗作用杀菌剂	枯萎、白粉、白绢、立枯病、纹枯、茎枯、锈粉、叶斑、炭疽、茎腐、根腐病等
	代森锌		保护性广谱杀菌剂	枯萎、白粉、白绢、立枯病、纹枯、茎枯、锈粉、叶斑、炭疽、茎腐、根腐病等
	福美双	退菌特	保护性广谱杀菌剂	白粉病、霜霉病、黑星病、溃疡病、软腐病、炭疽病、轮纹病，疫霉病等
	三唑酮	粉锈宁	内吸性强具有保护、治疗、铲除三大功效	白粉病、霜霉病、黑星病、溃疡病、软腐病、炭疽病、轮纹病，疫霉病等

果树病虫害绿色防控图谱

（续表）

农药类型	学名	常用商品名	防治机理	防治对象
杀菌剂	三唑醇		内吸性强具有保护、治疗、铲除三大功效	白粉病、霜霉病、黑星病、溃疡病、软腐病、炭疽病、轮纹病，疫霉病等
	戊唑醇		高效内吸性杀菌剂	锈病、白粉病、网斑病、根腐病、炭疽病、赤霉病等
	腈菌唑		内吸性杀菌剂	白粉病、锈病、黑星病、灰斑病、褐斑病、黑穗病等
	苯醚甲环唑		内吸性杀菌，具保护和治疗作用	黑星病、黑痘病、白腐病、斑点落叶病、白粉病、褐斑病、锈病、条锈病、赤霉病等
	菌毒清		内吸性，治疗、保护杀菌剂真菌、细菌、病毒兼治	穿孔病、角斑病、青枯病、立枯病、溃疡病、软腐病、霜霉病、疫病等
	杀毒矾		预防、治疗、根治三种作用	霜霉病、褐斑病、黑腐病
	杜邦福星		内吸、渗透、保护、铲除四种作用	轮纹病、炭疽病、叶斑病等

（续表）

农药类型	学名	常用商品名	防治机理	防治对象
杀菌剂	多菌灵		属高效、低毒、广谱的内吸杀菌剂，具有保护、治疗作用及杀螨作用	对许多真菌病害有效，并能抑制叶螨种群的增长
	甲基硫菌灵	甲基托布津	是内吸性的广谱杀菌剂，具有保护、治疗作用	防治真菌病害一定的杀害螨卵和幼螨的作用
	百菌清	百可宁	保护性杀菌剂	可用于多种真菌病害
	五氯硝基苯		保护性杀菌剂	用作土壤消毒和种子拌种
	十三吗啉		保护、治疗双重作用，具内吸性	腐烂病、锈病、白粉病、叶斑病等
	烯酰吗啉		保护性具内吸作用杀菌剂	黑斑病、白粉病、腐烂病、干腐病、锈病、黑星病、炭疽病
	过氧乙酸		治疗性杀菌剂	黑斑病、白粉病、腐烂病、干腐病、溃疡病、锈病、黑星病、炭疽病等
	腐霉利		内吸性杀菌剂，兼有保护和治疗的作用	灰霉病、菌核病、灰星病、花腐病、褐腐病、蔓枯病等
	843康复剂		系用多种中药材和化学原料制成的复合杀菌剂	多种枝干病害的特效药，也可作为整枝后伤口的封口剂

果树病虫害绿色防控图谱

（续表）

农药类型	学名	常用商品名	防治机理	防治对象
杀菌剂	咪鲜胺锰盐		内吸、传导、预防、保护、治疗等多重作用	黑斑病、白粉病、腐烂病、干腐病、锈病、黑星病、炭疽病
	嘧菌酯		内吸性杀菌剂	黑斑病、白粉病、腐烂病、干腐病、锈病、黑星病、炭疽病
	醚菌酯	苯氧菊酯	保护、铲除、治疗性杀菌剂	白粉病、黑星病、炭疽病、锈病、疫病等
	乙膦铝	疫霉灵、霉菌灵、疫霉净、霜霉灵	内吸性杀菌剂，兼有保护和治疗的作用	适用于多种真菌引起的的病害
	双效灵		兼治真菌和细菌病害	枯萎病、黄萎病、霜霉病、白粉病、疫病
	溃腐灵		兼治真菌和细菌病害	腐烂病、流胶病、干腐病、轮纹病、溃疡病、树脂病
	扑海因	异菌脲、异菌咪	内吸性杀菌剂，兼保护和治疗的作用	立枯病、早疫病和灰霉病等

注：1. 鳞翅目一般为食叶害虫如棉铃虫、春尺蠖等；鞘翅目一般为蛀干、食叶害虫如天牛、叶甲等；半翅目为刺吸害虫，如蚜虫、蟥、粉虱等；双翅目为食叶、蛀果害虫如果蝇、叶蜂等；

2. 高毒农药限制使用，一般用作拌土和打孔注药用，不能喷雾，喷果树和蔬菜。

附录2 禁止、限制使用农药名录

表1 禁止生产销售和使用的农药名录（42种）

序号	名称	序号	名称	序号	名称
1	六六六	15	甘氟	29	磷化锌
2	滴滴涕	16	毒鼠强	30	硫线磷
3	毒杀芬	17	氟乙酸钠	31	蝇毒磷
4	二溴氯丙烷	18	毒鼠硅	32	治螟磷
5	杀虫脒	19	甲胺磷	33	特丁硫磷
6	二溴乙烷	20	甲基对硫磷	34	氯磺隆
7	除草醚	21	对硫磷	35	福美胂
8	艾氏剂	22	久效磷	36	福美甲胂
9	狄氏剂	23	磷胺	37	胺苯磺隆单剂
10	汞制剂	24	苯线磷	38	甲磺隆单剂
11	砷类	25	地虫硫磷	39	百草枯水剂
12	铅类	26	甲基硫环磷	40	甲磺隆复配制剂
13	敌枯双	27	磷化钙	41	胺苯磺隆复配制剂
14	氟乙酰胺	28	磷化镁	42	三氯杀螨醇

表2　限制使用农药名录（32种）

序号	名称	序号	名称	序号	名称
1	甲拌磷	12	氧乐果	23	丁硫克百威
2	甲基异柳磷	13	百草枯	24	丁酰肼
3	克百威	14	2,4-滴丁酯	25	毒死蜱
4	磷化铝	15	C型肉毒梭菌毒素	26	氟苯虫酰胺
5	硫丹	16	D型肉毒梭菌毒素	27	氟虫腈
6	氯化苦	17	氟鼠灵	28	乐果
7	灭多威	18	敌鼠钠盐	29	氰戊菊酯
8	灭线磷	19	杀鼠灵	30	三氯杀螨醇
9	水胺硫磷	20	杀鼠醚	31	三唑磷
10	涕灭威	21	溴敌隆	32	乙酰甲胺磷
11	溴甲烷	22	溴鼠灵		

附录3　苹果周年管理工作历

物候期	月	旬	主要管理内容	技术操作要点	备注
休眠期	12月至翌年2月		1. 整形修剪 2. 伤口保护 3. 清洁园内	1. 整形修剪。幼树整形修剪以轻为主、促控结合，注意培养树形，多留辅养枝；初果期树除骨干枝，延长枝短截外，其余枝一律轻剪缓放，疏除过密辅养枝；盛果期对树配备好花、果、条，疏除中干上的辅养枝，对主侧枝上的辅养枝改造成短枝组。 2. 伤口保护。用果树伤口愈合剂处理剪锯口，促进伤口愈合，避免剪锯口干裂，防止病菌侵害。 3. 清园。剪除病虫枝、清理残枝落叶、僵果，杂草，刮除粗老翘皮、腐烂病疤，集中烧毁或深埋，以降低越冬病虫基数。刮延后，涂农抗120水剂10倍液或5%菌毒清水剂50倍或843康复剂消毒素。	病组织刮至健康组织

（续表）

物候期	月	旬	主要管理内容	技术操作要点	备注
萌芽期	3月	中下旬	1.病虫防治 2.高接换种 3.合理追肥	1. 病虫防治。萌芽前全树喷布3～5波美度石硫合剂，防治腐烂病、白粉病、红蜘蛛、介壳虫等。干萌芽前喷福美砷。腐烂病发生严重的果园，于萌芽前喷福美砷。 2. 高接换种。将低劣品种高接为新优品种，幼树采用单芽腹接，大树采用多枝头接。 3. 追肥。苗施尿素15～20千克，施后及时浇水，旱地进行穴贮肥水。幼树追肥后及时覆膜。	施基肥时已施磷肥的，此次可不加。如基肥末施磷肥的，此次要加磷酸二铵每亩5千克
花期	4月	上中下旬	1.拉枝刻芽 2.病虫防治 3.疏花蕾	1. 拉枝。采用"一推二揉三压四定位"方法进行，将骨干枝基角拉至90°～105°，使整个树体成为"一竖多横软车拉"的形状。 2. 病虫防治。花后10天，喷洒80%大生或喷克800倍液+20%螨死净2500倍液，或喷80%代森锰锌可湿性粉剂800倍+杀扑磷1500倍液，防治白粉病、叶螨、介壳虫、腐烂病、星毛虫、卷叶蛾类。 3. 疏花蕾。疏蕾时间隔15～25厘米留一个花序，每花序保留1～2个发育好的花蕾。对1～2年生枝可用"E"形开角器进行开角。疏蕾根据当地条件和当地气候的情况，灵活掌握。	疏花要在花蕾期进行

（续表）

物候期	月	旬	主要管理内容	技术操作要点	备注
花期	4月	上中下旬	花期管理	1. 人工授粉。对幼树、初果期树或盛果期小年树，结合疏花采集铃铛期花蕾，自然晾干，收集花粉，进行人工授粉。 2. 盛花期树上补硼＋1%糖＋0.3%～0.5%尿素，提高坐果率。 3. 对坐果率高，或大年树花量大的，进行疏花管理。	疏花要花蕾期进行
幼果期	5月	上中下旬	1. 病虫防治 2. 抹芽除萌	1. 防治。果园使用杀虫灯，性诱捕器或糖醋液诱杀越冬羽化害虫。花后喷25%粉绣宁3 000～4 000倍液。 2. 抹芽除萌。抹除剪锯口和背面多余的萌芽，剪除萌蘖、节省养分。	
			1. 施肥浇水 2. 疏果定果 3. 病虫防治	1. 施肥浇水。花后10天左右追施尿素。幼树每亩5千克，结果树每亩15千克。施肥后浇水，水浇透。 2. 花后30天内完成定果，留留果量不超过12 000个左右。 3. 病虫防治。花后10～15天喷10%吡虫啉4 000倍液＋1.5%多抗霉素300倍液，或50%扑海因1 000～1 500倍液，防治苹果早期落叶病、轮纹病，蚜虫。	结合喷药加0.2%～0.3%尿素

（续表）

物候期	月	旬	主要管理内容	技术操作要点	备注
幼果期	5月	下旬	1. 扭梢环剥 2. 果实套袋 3. 夏季修剪	1. 扭梢环剥。幼树和初果期树，新梢达15～30厘米、半木质化时，对剪口下两个芽竞争枝和背上直立枝，使其下垂。对幼旺树辅养枝进行环剥，自基部5厘米处扭转180度。2. 套袋。花后45天套袋，套前喷1～2次钙肥。3. 修剪。对幼树，旺枝进行开角、拿枝和疏枝等。	扭梢可多次进行
	6月	上旬	1. 环剥套袋 2. 病虫防治	1. 环剥套袋。继续环剥，促进花式形成；未完成套袋的继续套袋。2. 病虫防治。喷10%吡虫啉1 500倍液或灭扫利2 000倍液，防治蚜虫、卷叶蛾和叶螨。	
幼果期		中下旬	1. 病虫防治 2. 施肥浇水	1. 病虫防治。喷1∶3∶240倍液波尔多液或百菌清，防治轮纹病、炭疽病和落叶病等苹果病害；喷20%杀灭菊酯乳油1 500倍液，或10%氯氰菊酯乳油1 000倍液，或2.5功夫乳油2 500倍液重点防治食心虫。2. 施肥浇水。结果树每亩施氮、磷、钾复合肥20千克，施肥及时浇水。	

（续表）

物候期	月	旬	主要管理内容	技术操作要点	备注
果实膨大期	7月	上中下旬	1. 追施果肥 2. 夏季修剪 3. 病虫防治 4. 除草覆草	1. 追肥。追肥以钾肥为主。株追施硫酸钾：初果树0.5~1.0千克；盛果树1.0~1.5千克。 2. 修剪。疏去背上直立枝、过密的辅养枝和内膛徒长枝。 3. 病虫防治。20%灭扫利乳油3 000倍液、或20%速灭杀丁（氧戊菊酯）3 000倍液，或10%吡虫啉可湿性粉剂2 000倍液，5%尼索朗乳油2 000倍液，或73%克螨特乳油3 000~4 000倍液等防治卷叶蛾和山楂叶螨。 4. 除草覆草。果园20厘米以上的草及时割掉，将割下来的草覆盖树盘；清耕园要适当浅耕。	结合喷药加0.3%尿素和0.5%磷酸二氢钾
	8月	上中下旬	1. 病虫防治 2. 夏季修剪 3. 除草覆草	1. 病虫防治。20%灭扫利乳油3 000倍液，或50%抗蚜威3 000倍液，或1.8%阿维菌素乳油2 500倍液，或5%霸螨灵2 000倍液，或15%扫螨净乳油3 000倍液，80%炭疽福美可湿粉700~800倍液，或70%杀毒矾可湿粉1 000倍防治山楂叶螨和炭疽病等。 2. 修剪。疏除内膛徒长枝、细弱枝、过密枝、竞争枝和病虫枝，改善光照，控制枝势。 3. 除草同7月。	结合喷药加0.5%磷酸二氢钾

（续表）

物候期	月	旬	主要管理内容	技术操作要点	备注
	9月	上中下旬	1. 秋季修剪 2. 除袋摘叶 3. 病虫防治	1. 修剪。疏除过密枝、徒长枝，改善通风透光条件。 2. 除袋、红色品种果实采收前半月除袋，并摘除果实周围遮光叶子利于果着色。 3. 防治。在树干基部邻草诱集下树越冬的山楂叶螨。喷1次1:3:200波尔多液或50%多菌灵，防治炭疽病。	
果实成熟期	10月	上中下旬	1. 果实采收 2. 秋施基肥 3. 病虫防治 4. 清理树皮	1. 采收。根据情况适时，分期分批采收果实。 2. 施基肥。果实采收后，进行深翻、改土、秋耕、施基肥，基肥以有机肥为主，每亩施有机肥1 000千克左右，同时，施磷酸钾、磷酸二铵，及少量尿素。施肥后浇水。 3. 防治。摘袋后喷80%大生800倍液或70%甲基托布津1 000倍液，利于果实更深藏。 4. 清皮。刮除树干枝上腐烂病疤，涂843康复剂或福美砷50倍液。	施基肥利于树体养分积累
落叶期	11月	上中下旬	1. 清洁园内 2. 主干涂白 3. 浇灌冻水	1. 清园。清除树上、树下的病枝、病果和枯枝落叶，刮除老翘皮，集中烧毁。 2. 涂白。涂白剂配方：水：生石灰：食盐：石硫合剂：动物油比例为20:6:1.5:1:0.6，树干涂白。 3. 灌水。封冻前灌1次透水。	涂白防日烧

附录 4　梨树周年管理工作历

物候期	月	旬	主要管理内容	技术操作要点	备注
休眠期	12月至翌年2月		1. 整形修剪 2. 刮树皮	1. 整形修剪。幼树根据树形势和需要，针对中心干、主枝和副主枝、辅养枝、结果枝组、短果枝群、衰老树等不同情况进行修剪。幼树根据确定的树形进行整形修剪，以轻剪长放为主。盛果期树根据树势和需要。 2. 刮树皮。对树干、主枝等骨干枝刮皮，除治在树皮缝内越冬的叶螨、食心虫类等害虫卵，及在病斑上越冬的菌类。刮除的树皮集中烧毁。	上年秋末施基肥的补施基肥
萌芽期	3月	中下旬	1. 追肥灌水 2. 高接换种 3. 病虫防治	1. 追肥。梨园全年的施肥量，可按历年平均产量计算，亩平均果实产量与需施氮肥的比例1 : 3～4；氮磷钾的比例可按1 : 0.4 : 1施用。上年秋末或当年春追已施基肥树，该次可追施全年追肥量（氮）的2/3。 2. 高接换种。对低劣品种高接换头为优良品种。未施过基肥的可追施全年追肥量（氮）的1/3。 3. 防治。园内梨树普遍喷40%氟硅唑8 000倍液或12.5%晴菌唑2 000倍液+48%毒死蜱1 500倍液+2.8%阿维菌素水乳剂4 000～5 000倍液+翠康花果灵1 000倍液，全面清园，降低越冬病虫基数。	

（续表）

物候期	月	旬	主要管理内容	技术操作要点	备注
花期	4月	上旬 中旬 下旬	1. 疏花授粉 2. 病虫防治 3. 追肥喷肥 4. 保花保果	1. 疏花。花序分离时开始疏花，间隔25~30厘米留一花序，尽量选留果枝两侧的花序。无晚霜危害地区，花序分离后疏花序，每花序留基部3朵花。初花至盛花期及时辅助授粉。 2. 防治。喷1.8%阿维菌素2 000倍液+菊酯1 500倍液+70%甲基托布津1 000倍液。防治梨茎蜂、梨蚜、梨木虱、黑点病、黑星病、斑病等。遇干旱时，距上次喷药5~7天后，加喷一次1.8%齐螨素2 000~3 000倍液+10%吡虫啉2 000~3 000倍液。防治梨木虱。 3. 追肥。根据树势状况和前期用肥情况，进行根外追肥。树势强的可不施或少施。常用肥料及浓度，尿素0.3%~0.5%，人尿5%~10%，锌0.3%~0.5%等。另外，可视情况面积喷肥。过磷酸钙2%~3%，硼0.2%~0.5%，硫酸亚铁0.5%。 4. 保花保果。在做好人工辅助授粉和授粉树栽培合理的情况下，花期喷0.2%~0.5%硼酸，5~10毫克/千克2,4-D，15毫克/千克萘乙酸钠，1 000毫克/千克B9+800~1 000倍液醋精；生长过旺的初结果树及徒长性结果枝，环割、环剥、环扎等处理进行保果。	疏花要花蕾期进行

（续表）

物候期	月	旬	主要管理内容	技术操作要点	备注
幼果期	5月	上中下旬	1. 疏果套袋 2. 病虫防治 3. 施肥补钙 4. 夏季修剪	1. 疏果套袋。根据树上果量疏果。疏果时间自第一次生理落果后开始至5月中旬左右，疏果时要留边果，即1个花序上同时结几个果，留边上的1个。大型果1个花序留1~2个果，小型果可留2~3个果。疏完果后，要及时套袋。袋用外黄内黑或外黄内黑加红纸的双层纸袋。 2. 病虫防治。套袋前喷一次杀菌剂和杀虫剂，喷80%多菌灵1 500倍液+10%吡虫啉3 000倍液+高效氯氢菊酯1 500倍液+1.8%齐螨素2 000倍液，防治黄粉虫、梨蚜、康氏粉蚧、黑点病等。 3. 施肥。根据情况追肥。5月下旬应追施全年计划施用氮肥的1/3~2/3。追肥之后要灌水、松土、除草。叶喷施翠康钙宝1 000倍液2次。 4. 修剪。疏除萌生过多的细弱枝、竞争枝和锯口枝等。	结合喷药加0.2%~0.3%尿素和0.2%~0.3%磷酸二氢钾

（续表）

物候期	月	旬	主要管理内容	技术操作要点	备注
幼果期	6月	上旬	1. 夏季修剪 2. 病虫防治	1. 修剪。继续修剪，剪除过多的直立枝、竞争枝；并根据需要进行吊枝、撑枝和拉枝。 2. 防治。喷1.8%阿维菌素5 000倍液+乐斯本1 500倍液+80%大生M-45 1 000倍液+10%吡虫啉2 000倍液。防治螨类、绿盲蝽、梨木虱、康氏粉蚧、黑斑病等。	遇雨水过多，及时排水，水后要松土和树盘覆盖
		中下旬	1. 病虫防治 2. 施肥浇水	1. 病虫防治。药剂可用20%杀扑磷1 000倍液+10%吡虫啉3 000倍液+80%大生M-45 1 000倍液。防治康氏粉蚧、黄粉虫、梨木虱和黑点病等病害。 2. 施肥浇水。结果果树每亩施氮、磷、钾复合肥10千克，施肥后及时浇水。	
果实膨大期	7月	上中下旬	1. 追肥浇水 2. 叶面喷肥 3. 病虫防治	1. 追肥。追肥以钾肥为主。氮肥和钾肥混合后施入。施肥后及时灌水。促进果实膨大和花芽分化。 2. 喷肥。叶面喷氨基酸液肥或磷酸二氢钾300倍液。 3. 病虫防治。用乐斯本1 500倍液+15%哒螨灵3 000倍液+10%吡虫啉2 000倍液+80%大生M-45 1 000倍液。防治康氏粉蚧、黄粉虫、红白蜘蛛、梨叶锈螨、轮纹病、黑斑病等。	

（续表）

物候期	月	旬	主要管理内容	技术操作要点	备注
果实膨大期	8月	上中下旬	1. 病虫防治 2. 秋季修剪 3. 果实采收 4. 施肥浇水	1. 防治。8月中旬至下旬，树干基部绑草，诱集梨小食心虫越冬，落叶前解下草绑烧毁；8月中旬左右，可再喷一次1：3：200波尔多液，防治梨黑星病和轮纹病；喷药5～7天后喷10%吡虫啉2 000倍液，防治梨小食心虫和刺蛾等。 2. 修剪。根据情况控制秋梢生长。 3. 采收。早熟品种陆续成熟，进入采收期，选择晴天采收，保存完整采果梗，利于贮藏。 4. 施肥。采收后及时施肥，利于恢复树势，促进花芽分化。施肥量一般占全年施肥量的60%～70%，磷全部施入，钾占30%～40%，以腐熟的农家肥为主，配合施用速效肥。	采收前15天停止喷药
果实成熟期	9月	上中下旬	1. 秋季修剪 2. 果实采收 3. 病虫防治	1. 修剪。疏除过密枝，徒长枝、改善通风透光条件。 2. 采收。中、晚熟品种进行采收期，选择晴天采收，保存完整果梗，利于贮藏。 3. 防治。采前喷一次70%甲基硫菌灵800倍液+2.5%高效氯氟氰菊酯1 500倍液，主防黑星病、软纹病、食心虫等。	采收前15天停止喷药

（续表）

物候期	月	旬	主要管理内容	技术操作要点	备注
果实成熟期	10月	上中下旬	1. 果实采收 2. 修剪施基肥 3. 秋施基肥 4. 病虫防治	1. 采收。晚熟品种，分期分批采收果实。 2. 修剪。对秋后抽生的未老熟进入休眠期秋梢，予以疏除。 3. 施基肥。果实采收后，进行深翻，改土，秋耕，施基肥，基肥以有机肥为主，每亩施有机肥5 000千克左右。同时，加硫酸钾、磷酸二铵，及少量尿素。施肥后浇水。 4. 防治。硫悬浮剂300倍液+乐斯本1 000倍液。	施基肥利干树体养分积累
落叶期	11月	上中下旬	1. 清洁园内 2. 主干涂白 3. 浇灌冻水	1. 清园。清除树上、树下的病枝、病果和枯枝落叶，刮除老翘皮，集中烧毁。刮除树干腐烂病疤，涂843康复剂或福养砷50倍液。 2. 涂白。涂白剂配方：水：生石灰：食盐：石硫合剂：动物油比例为20：6：1.5：1：0.6，树干涂白。 3. 灌水。封冻前灌一次透水。	涂白防日烧

附录5　桃树周年管理工作历

附录5　桃树周年管理工作历

物候期	月	旬	主要管理内容	技术操作要点	目的与作用
休眠期	11月至翌年2月		1. 整形修剪 2. 熟化土壤 3. 清洁园内	1. 整形修剪。整枝修剪，结合深翻清园，树干涂白。 2. 在桃树营养面积内进行深翻，深度以20～30厘米为宜。离桃树主干处要浅，远离主干处可深。坚持做到里浅内深。倒伏桃树扶正。 3. 清园。清除枯枝落叶、病果、病枝，开沟排水，平整土地，枝接继续。 4. 发芽前喷5波美度石硫合剂，芽接苗剪砧。检查开沟排水作业。	1. 调整生长与结果、衰老与更新，养分和水分运转，改善通风透光条件，增强抗性，减少病虫基数，克服大小年现象 2. 增加土壤空隙度和空气，提高肥力，有利于根系生长 3. 破坏越冬虫害的环境

149

（续表）

物候期	月	旬	主要管理内容	技术操作要点	目的与作用
叶芽萌芽期	3月	中下旬	1.病虫防治 2.施花前肥 3.合理追肥	1.防治对象：越冬病虫。防治措施：刮去流胶瘤后，用50%消菌灵50倍液加天达2116（果树类）50倍液混合涂患处。 2.防治对象：枝干病害，介壳虫，红蜘蛛。防治措施：1：1：100倍波尔多液或80%成标干悬浮剂300～500倍液喷雾。 3.肥料种类：速效肥；株施肥数量：上年基肥不足的树，挂果超负荷的树。追施方法：冲水浇施，开穴浇施，并要求及时盖穴，确保增效，花前复修。尿素0.1～0.25千克；	进一步提高花芽质量，提高开花结实率
花期	4月		1.施花后肥 2.病虫防治 3.疏花疏果	1.防治对象：缩叶病，流胶病，介壳虫。花露红时喷3～5波美度石硫合剂或50%消菌灵1 000倍液+48%乐斯本800倍液+天达2116（果树类）1000倍液喷雾。 2.进行疏花管理。 3.根外追肥，小树除蘖。	疏花要花蕾期进行

（续表）

物候期	月	旬	主要管理内容	技术操作要点	目的与作用
		上中旬	1. 施肥浇水 2. 病虫防治	1. 施肥浇水。花谢后25天左右。肥料种类：以速效肥为主，可以与绿肥培青相结合。施肥后浇水，水浇透。 2. 病虫防治。防治对象：细菌性穿孔病、缩叶病、卷叶病、红蜘蛛。喷10%世高3 000倍液+1.8%阿维菌素（绿维虫清）4 000倍液+天达2116（果树类）1 000倍液混合喷雾。	结合喷药加0.2%~0.3%尿素
果实硬核期	5月	下旬	1. 果实套袋 2. 疏果定果 3. 夏季修剪 4. 病虫防治	1. 各类结果枝的留量要求：徒长性果枝留2~3只；中短果枝留1只，长果枝留3只。疏果方法：先疏除畸形果、虫果、病果以及背上果，留各类结果枝中间段留下果。小果型品种可适当增加留果量。 2. 套袋。方法步骤：先内后外，先上后下，禁防叶片套入袋内，套袋时间要求在食心为害之前完成。如量较大，一时来不及套的必须坚持边用药边套袋。 3. 修剪。扭梢、拿枝和疏枝等。 4. 防治对象：褐斑病、潜叶蛾、毛虫、蚜虫。喷75%洽菌灵800倍液+20%井冈霉素2 000倍液+25%灭幼脲2 000倍液+4%蚜虱速克（吡高氯）2 000倍液+旱地龙（旱涝收）1 500倍液。	1. 减少养分消耗，集中供应大果，促大果 2. 减少病虫相互传播 3. 克服大小年 4. 可防治病虫为害，改善果实外观色泽、减轻日烧为害，农药污染

（续表）

物候期	月	旬	主要管理内容	技术操作要点	目的与作用
	6月	上旬	1. 早熟采收 2. 病虫防治	1. 应掌握果实有60%～70%的泛白为采收标准。采收方法应掌握手心托满把握，向内侧扳，不扭转，免服机械伤，必须进行浇抗，以水促肥，满足果实膨大。并要求做到分期分批进行采摘。如遇干旱，必须进行浇水促肥，满足果实膨大。 2. 病虫防治。刺蛾、梨网蝽、天牛、继续防褐腐病、穿孔病等病害。喷10%吡虫啉1 500倍液或灭扫利2 000倍液，防治蚜虫、卷叶蛾和叶螨。	1. 促进果实细胞膨大，争大果 2. 促进枝叶茂盛，增加光合产物
果实发育阶段、花芽开始分化期		中下旬	1. 病虫防治 2. 施肥	1. 病虫防治。防治对象：细菌性穿孔病、桃蛀螟、蚜虫、介壳虫。防治措施：1.8%菌毒速杀1 500倍液+52.25%农地乐2 000倍液+天达2116（果树类）1 000倍喷雾。 2. 肥料种类。速效肥；追施量：根据树势、树龄、挂果量而定。一般要求0.5～0.75千克，并要求冲水溶化后，开穴浇施。	

（续表）

物候期	月	旬	主要管理内容	技术操作要点	目的与作用
果实成熟期	7月	上 中 下 旬	1. 果实采收 2. 采前施肥 3. 病虫防治	1. 防治对象：褐斑病、介壳虫、桃蛀螟。防治措施：1：2：200倍液波尔多液加入20%绵贝1 000倍液喷雾。 2. 防治对象：潜叶蛾、桃蛀螟、蚜虫。防治措施：25%灭幼脲1 500倍液+20%灭多威1 000倍液收1 000倍液喷雾。	七月
	8月	上 中 下 旬	1. 晚熟桃采收 2. 病虫防治 3. 施用产后肥	1. 病虫防治。防治对象：潜叶蛾、梨小食心虫。防治措施：1：2：200倍液波尔多液+30%桃小灵1 000倍液喷雾。 2. 防治对象：褐斑病、褐腐病、梨小食心虫。防治措施：20%粉锈宁1 500倍液+50%多菌灵1 000倍液+5%通脲五号4 000倍液+旱劳收1 500倍液喷雾。 3. 肥料种类：速效肥；追施量：根据树势、树龄、挂果量而定，一般要求每株用化肥0.5～0.75千克，并要求冲水溶化后，开穴浇施。	快速恢复树势，促进花芽的进一步分化

果树病虫害绿色防控图谱

（续表）

物候期	月	旬	主要管理内容	技术操作要点	目的与作用
根系进入生长高峰	9月	上中下旬	1. 秋施基肥 2. 防病虫害	1. 在树冠滴水线处开环沟或普遍深翻，以有机肥料和速效肥相结合，种好绿肥。 2. 防治对象：红点病、褐腐病、梨小食心虫。	1. 有利于根系吸收，促进当年花芽的饱满和增加树体内营养物质积累 2. 增加肥源
落叶	10月	上中下旬	秋施基肥		

附录6　枣树周年管理工作历

物候期	月份	主要管理内容	注意事项
休眠期	12月至翌年2月	1. 刮树皮、涂白，消灭越冬害虫卵和蛹。 2. 冬季修剪。幼树、初结果树注意培养树形，成年树要调整培养结果枝组的生长势。清除枣疯病树和病枝。	刮下皮和剪下病枝，集中烧毁
树液流动期	3月	1. 幼树整形，大树修剪，老枣树更新，结合修剪，剪除虫卵病枝。 2. 喷3～5波美度石硫合剂，防治害虫卵和病菌。 3. 去年秋天没有施完基肥的地消前要及时施入，并灌水。	
萌芽期	4月	1. 追肥以氮肥为主，灌萌芽水、灌水后松土。 2. 喷菊酯类农药2 000～3 000倍液，防治害虫。 3. 抹芽，对无生长空间的枣头从基部抹除，有空间摘心控制其生长，培养为枝组。	注意各种食叶害虫对新萌发幼芽的为害

（续表）

物候期	月份	主要管理内容	注意事项
花期	5月	1. 喷2.5%溴氰菊酯2 000～3 000倍液，或25%杀虫星1 000倍液，防治枣步曲、枣黏虫、食芽象甲等害虫。 2. 叶面喷肥，喷0.4%尿素。 3. 对于生长过旺的枣头摘心，控制其生长。	严重时可以连喷2～3次
开花期 幼果期	6～7月	1. 夏季修剪。疏枝、抹芽、摘心。 2. 花期喷10～15毫克/千克赤霉素等生长调节剂。 3. 追肥浇水。追氮、磷、钾复合肥，施肥后浇水。树冠喷水及生长调节剂。 4. 开花量达到花蕾30%～50%时，对枣树适时开甲。 5. 除草覆草。剪园内草，覆盖到园内。 6. 病虫防治。地面撒辛硫磷粉剂，浅翻土，杀死出土幼虫。树上喷乐斯本和菊酯类杀虫剂。防治桃小食心虫。	花期喷4%赤霉素
果实 膨大期	8月	1. 病虫防治。喷菊酯类杀虫剂+杜邦福星，防治桃小食心虫、红蜘蛛、枣锈病、炭疽病、缩果病、枣黏虫等病虫害。 2. 追肥。追施氮、磷、钾复合肥，施肥后及时浇水。 3. 除草覆草。剪园内草，覆盖到园内。	结合喷药喷0.2%～0.3%磷酸二氢钾

（续表）

物候期	月份	主要管理内容	注意事项
果实成熟期	9月	1. 病虫防治。果变红前、后，各喷1～2次药，药剂用特谱唑、或卡那霉素等。防治缩果病。树干基部绑草，诱集下树越冬害虫。 2. 果实采收。根据果实食用需要，及不同果实加工情况，对不同成熟期果进行采收。	采收前15天停止用药
成熟期	10月	1. 果实采收。晚熟品种和成熟采收，采收前一周时间内喷200～300毫克/千克乙烯利催落采收。 2. 秋施基肥。以有机肥为主，施肥后翻树盘，并及时浇水。	喷乙烯利催落掌握好喷施浓度
休眠期	11月	1. 清洁枣园。清除园内树上病果、地面枯枝、落叶、落果，集中烧毁。 2. 浇冻水。在土壤冻前完成冻水的浇灌。	

157

附录7 葡萄周年管理工作历

物候期	月	旬	主要管理内容	技术操作要点	备注
休眠期	1—3月		1. 物资准备 2. 育苗建园	1. 物资准备。备好架材、化肥、农药、修理器具、药械、果袋等。 2. 育苗建园。露地育苗、进行整地、修架、催根、催芽、扦插育苗、成苗定植栽园开始定植。	随时检查园地，发现少土或缝隙要加厚拍严
萌芽期	4月	上旬	1. 整理架材 2. 灌催芽水 3. 中耕提地温 4. 抹芽	1. 整理架材。撤除防寒物，在清明之前上架，不要弄伤枝芽。 2. 灌催芽水。追肥后灌1次发芽水。 3. 中耕提地温。 4. 抹芽。去弱留壮，抹去密、挤、瘦、弱和生长部位不宜及萌发晚的芽。对于双芽或3芽，应抹去其中的1~2个。	抹芽宜早不宜迟，隔3~5天1次，一般2~3次
		中下旬	1. 继续抹芽 2. 绑梢 3. 定枝	1. 继续抹芽。 2. 绑梢。新梢长至30~40厘米时开始绑梢。 3. 定枝。保留预订枝量。	新梢长10厘米开始，间隔10~12天喷一次45%咪酰胺水乳剂2 000倍液或20%噻菌铜600倍液

（续表）

物候期	月	旬	主要管理内容	技术操作要点	备注
花期	5月		1. 摘心。 2. 疏穗。 3. 喷药防病虫。 4. 施肥。 5. 幼树管理。	1. 摘心。花前2～3天进行硬枝或半木质化摘心，按壮弱穗以上留3～6个叶片。硬枝摘心或半木质的，坐果后再留足叶片。对坐果率高的进行晚摘心，以后反复摘心防徒长。 2. 疏穗。疏除过密的穗。一般弱枝不留穗，中庸枝留一穗，壮枝留两穗。掐穗尖1/4～1/5。 3. 喷药防病虫。花前喷25%阿米西达1 500倍液32.5%阿米西达+2.5%高效氯氰菊酯1 500倍液。40%嘧霉胺妙收1 500倍液。25%阿米西达1 500倍液测花或浸果。悬浮剂1 500倍液。翠康金硼液1 500倍液促花果。翠康花果灵1 000倍液+丰收硼1 000倍液2次。 4. 施肥。翠康金硼液1 500倍液促花果。翠康花果灵1 000倍液+丰收硼1 000倍液2次。 5. 幼树管理。及时浇水、松土保墒、引绑、新植育苗移栽。	开花前10天浇1次 催花水
果膨大期	6月		1. 副梢摘心 2. 果实套袋 3. 土肥水管理	1. 副梢摘心。对副梢摘心疏除整理。 2. 果实套袋。对果穗及时整理，套袋前用万兴或苗喷穗，然后用纸质袋套袋进行果实套袋。 3. 土肥水管理。在葡萄坐住果（葡萄粒黄豆大小），每亩可施入硫酸钾复合肥75千克。施肥后浇水中耕。	花后10～13天浇1 次催果水

（续表）

物候期	月	旬	主要管理内容	技术操作要点	备注
果膨大着色期	7—8月		1. 控水增色 2. 摘老叶 3. 摘心疏枝 4. 喷药 5. 施肥 6. 去袋	1. 控水增色。对将成熟的品种要合理控水，叶面喷肥。 2. 摘老叶。旱中熟果、摘老叶，促增色提高糖分含量。 3. 摘心疏枝。对生长过旺的新梢及时摘心，疏除过密枝，对下垂的结果枝及时引绑。 4. 喷药。20%苯醚甲环唑（世高）6 000倍液或45%咪鲜胺1 500倍液+15%哒螨灵1 500倍液。 5. 施肥。追施聚离子生态钾肥40～50千克。翠康着色生力液；600～1 000倍液+翠康金钾1 000倍液（两次）。也可冲施进口高钾高磷型水溶性肥或纯钾水溶肥1～2次，每次用量5千克。 6. 去袋。对中早品种提前15～20天去袋上色，并适时采摘分级包装。去袋后及时喷万兴或易保或爱苗防治果实病害。	从采收前1个月开始，每隔10天喷施1次1%的硝酸钙或醋酸钙液。可明显提高葡萄果肉的硬度和耐贮性

（续表）

物候期	月	旬	主要管理内容	技术操作要点	备注
成熟期 成熟期	9月		1. 继续摘老叶 2. 覆膜 3. 采收 4. 销售 5. 秋施基肥	1. 继续摘老叶，促着色，增糖分。 2. 覆膜。采前去袋后，地下铺反光膜，增进着色、提高含糖量，提高果品质。 3. 采收。当葡萄果实达成熟期即可在晴天早晨露水干后进行采收，以上午10时前或下午3时后为宜。 4. 销售。采收后果品应进行分级、归类、包装销售。 5. 秋施基肥。施基肥，深度以30~40厘米，达葡萄根系主要分布层为宜。以施腐熟农家肥为主。	施肥后及时浇水，利于营养积累 采果后对病害要及时对症下药，保好叶片
落叶期	10月		1. 施肥 2. 喷药	1. 施肥。鸡粪3~5方，64%二铵40~50千克（可用诺邦地龙有机肥200~300千克代替）。此期也可再施入花果多50~75千克。 2. 喷药。叶喷50%多菌灵600倍液+翠康保力，降低越冬病原菌，增强秋叶光合作用。	

（续表）

物候期	月 旬	主要管理内容	技术操作要点	备注
休眠期	11—12月	1. 冬季修剪 2. 清园地 3. 落架埋土防寒 4. 备育苗条	1. 冬季修剪。秋季落叶后选留优良的结果母枝作下年的结果母枝。在结果母枝上，修剪1个芽为极短梢，2～4芽为短梢，5～7芽为中梢，8～10个芽为长梢，12个以上芽为极长梢作为结果母枝。 2. 清园地。对园内的枯枝落叶全部清除出园烧毁。 3. 落架埋土防寒。一般在冬剪后土壤封冻前完成，以当地土壤上冻前10～15天埋土防寒较为适宜。在修剪后，将枝蔓下架并顺一个方向捆好，避免扭伤枝芽，然后全部覆土厚10厘米。 4. 备育苗条。对下年育苗的枝条在修剪时备好优良品种、壮条集中贮藏。	

附录8　樱桃周年管理工作历

物候期	月	旬	主要管理内容	技术操作要点	备注
休眠期	12月至翌年2月		1. 清洁园内 2. 整形修剪 3. 树干涂白	1. 清园。剪除病虫枝、清理残枝落叶、僵果、杂草，刮除流胶疤，集中烧毁或深埋，以降低越冬病虫基数。刮斑后，涂农抗120水剂10倍液或5%菌毒清水剂50倍液或843康复剂消菌毒。 2. 修剪。按确定的树形修剪，如纺锤形、开心自由形或者改良主干形。修剪时间为树萌芽前。以轻剪为主，促进生长和控制生长相结合，减少冠外围枝量，改善内膛光照。幼树以扩大树冠为主，初结果树培养和促壮结果枝组，盛果期树保持中庸、健壮，稳定的长势。 3. 涂白。涂白剂配方：水：生石灰：食盐：石硫合剂：动物油比例为20：6：1.5：1：0.6，树干涂白。	

（续表）

物候期	月	旬	主要管理内容	技术操作要点	备注
萌芽期	3月	中下旬	1. 病虫防治 2. 拉枝刻芽 3. 追肥浇水	1. 病虫防治。萌芽前喷5波美度石硫合剂结晶，或者100倍液45%石硫合剂结晶，或80倍液索利巴尔。防治细菌性穿孔病、枝干干腐病、褐斑病、褐腐病、桑白蚧、红蜘蛛等病虫害。 2. 拉枝刻芽。主要针对幼树。主枝拉至70～80°，辅养枝拉平。月底前枝上刻芽。 3. 追肥。年前未追肥的及时追肥，一般每棵施小螺号有机生物菌肥1～2千克。施肥及时后浇水，整理覆盖树盘，促墒增温。	浇水满足萌芽、展叶、开花水分需要，降低地温，延迟开花，防止晚霜冻害。
花期 幼果期	4月	上中旬	1. 拉枝刻芽 2. 病虫防治 3. 疏除花蕾 4. 人工授粉	1. 拉枝刻芽。采用"一推二压三定位"方法进行，将骨干枝基角拉至90～105°，使整个树体成为"一竖多横车拉"的形状。 2. 病虫防治。10%吡虫啉600～800倍液+48%毒死蜱600～800倍液+哒螨灵800倍液。防治桑白蚧和叶螨。 3. 疏花蕾。疏花蕾时间为开花至花期。疏除内膛弱枝上花蕾，疏花蕾根据当地条件和当地气候的情况，灵活掌握。 4. 人工授粉。人工授粉可用较粗长的竹竿，一端缠泡沫塑料，外包一层洁净纱布做成的棍式授粉器，在不同品种花朵上滚动而进行授粉。	结合喷药加0.2%～0.3%尿素，0.2%～0.3%磷酸二氢铵

（续表）

物候期	月	旬	主要管理内容	技术操作要点	备注
果实膨大期	4月	下旬	病虫防治	防治。800倍液80%必得利+2 000倍液20%井冈霉素+1 500倍液2.5%高效氯氟氰菊酯+500倍液硼钙宝+1 000倍液天达-2116。	结合喷药加0.2%~0.3%尿素，0.2%~0.3%磷酸二氢铵
	5月	上旬	1. 施肥浇水 2. 疏果定果	1. 施肥浇水。花后10天左右追施尿素。幼树每亩5千克，结果树每亩15千克。施肥后浇水，水浇透。 2. 疏果。疏去小果、畸形果，每个花束状短果枝留3~4个果。	
果实成熟期	5月	中下旬	1. 病虫防治 2. 夏季修剪 3. 果实采收	1. 病虫防治。花后10~15天喷1 000倍液1.8%菌毒速杀+1 500倍液52.25%毒氯+1 000倍液天达-2116。防治细菌性穿孔病、褐斑病、叶斑病、苹果透翅蛾、桑白蚧。 2. 修剪。对幼树、旺枝进行开角、拿枝和疏枝等。 3. 采收。采果后，及时施肥，此时可施入全年的肥料1/3量，主要以硫酸钾复合肥和生物菌肥为主。	采收前15天停止喷药

（续表）

物候期	月	旬	主要管理内容	技术操作要点	备注
果实成熟期	6月	上旬	1. 果实采收 2. 病虫防治	1. 采收。继续采收果。 2. 病虫防治。4%毒死蜱1500倍液+甲基托布津1000倍液+叶枯唑1000倍液进行叶面喷施，预防天牛、介壳虫、红蜘蛛、大绿叶蝉、褐斑病和穿孔病等病虫害。	注意排水，防止内涝
芽分化期	6月	中下旬	1. 病虫防治 2. 施肥浇水 3. 果园覆草	1. 病虫防治。喷1∶2∶200波尔多液，或600倍液70%代森锰锌+1000倍液52.25%毒氯，5～7天后喷灭幼脲600～800倍液+吡虫啉800倍液。防治病害和叶部害虫。 2. 施肥浇水。采收后及时施肥，恢复消耗营养，增加养分积累，促进芽分化，维持好的树势。结果果树每亩施氮、磷、钾复合肥20千克，施肥及时浇。 3. 覆草。剪除园内草，覆盖在园内，提高肥力。	
新梢生长期	7月	上中下旬	1. 夏季修剪 2. 病虫防治 3. 水分管理	1. 修剪。疏去背上直立枝，过密的辅养枝和内膛徒长枝。 2. 病虫防治。喷1∶2∶200波尔多液，防治病害。以后每20天喷1次。 3. 水分管理。及时排出园内积水，防止内涝。	

（续表）

物候期	月	旬	主要管理内容	技术操作要点	备注
新梢生长期	8月	上中下旬	1. 夏季修剪 2. 病虫防治 3. 水分管理	同7月。	
新梢缓长期	9月	上中下旬	1. 秋施基肥 2. 土壤管理 3. 病虫防治	1. 施基肥。以有机肥和生物菌肥为主，施肥后及时灌水。 2. 土壤管理。改土和深翻，改善土壤通透性和保水性，满足树体发育。 3. 病虫防治。在树干基部绑草诱集下树越冬害虫。	落叶前喷尿素和磷酸二氢钾
	10月	上中下旬	1. 秋施基肥 2. 土壤管理 3. 病虫防治	同9月。	
落叶期	11月	上中下旬	1. 清洁园内 2. 主干涂白 3. 浇灌冻水	1. 清园。清除树上、树下的病枝、病果和枯枝落叶，刮除老翘皮，集中烧毁。 2. 涂白。涂白剂配方：水：生石灰：食盐：石硫合剂：动物油比例为20：6：1.5：1：0.6，树干涂白。 3. 灌水。封冻前灌一次透水。	涂白防日烧和病虫

参考文献

陈晓明，王程龙，薄瑞. 2016. 中国农药使用现状及对策建议[J]. 农药科学与管理，37（2）：4-8.

河北农业大学. 1983. 果树栽培学总论[M]. 北京：中国农业出版社.

闪崇辉. 1992. 果树技术培训教材[M]. 北京：中国科学技术出版社.

首都绿化办公室. 2000. 果树病虫害防治[M]. 北京：中国林业出版社.

宋玉双. 2010. 论现代森林病虫害防治[J]. 中国森林病虫，29（4）：40-44.

王江柱. 1997. 苹果、梨病虫草害防治问答[M]. 北京：中国林业出版社.

魏东晨，陈合志，李小朋，等. 2004. 生物防治森林病虫害防治的发展趋势[J]. 中国林业，（1）A：34.

郗荣庭. 2000. 果树栽培学总论（第三版）[M]. 北京：中国农业出版社.

张连生. 2007. 北方园林植物常见病虫害防治手册[M]. 北京：中国林业出版社.